La vie des OCÉANS et des mers

Je préserve la nature

Nick
Davies

Adaptation de
Jacques Bodart,
océanographe.

Larousse

Illustrations: Graham Allen, Stephen Lings, Mick Loates, Shane Marsh, Jane Pickering, Richard Smith, (Linden Artists). Kuo Kang Chen, Selwyn Hutchinson, Richard Phipps.
Coordination Larousse: Philippe Brunet et Véronique Herbold.

Dépôt Légal: mars 1992
N° d'éditeur: 17406.
Imprimé en Angleterre
ISBN 2-03-601 301-5
601 301 A. mars 1993

Crédits photographiques (g : à gauche, d : à droite, h : en haut, c : au centre, b : en bas, hg : en haut à gauche, hd : en haut à droite, bg : en bas à gauche, bd : en bas à droite).
Allstock pp. 10-11 (J. Schultz) ; **Ardea** pp. 4 (h, F. Gohier : b, P. Morris), 13 (hg, L. & T. Bomford), 31 (b, R. & V. Taylor), 36 (hd, R. & V. Taylor), 38 (b, R. & V. Taylor), 41, 48 (g, R. & V. Taylor), 53 (h, P. Morris) et 56 (b, F. Gohier) ; **Bridgeman Art Library/Collection privé** ("The Whale Fischery – Laying On", 1862, par Currier & Ives) p. 59 ; **British Antarctic Survey** p. 55 (I. Everson) ; **Kostas Christou** p. 35 (g) ; **Bruce Coleman** pp. 26-27 (J. Foott), 30 (b, F. Lanting), 31 (d, G. Langsbury), 35 (d, J. Grande), 52-53 (b, E. & P. Bauer) et 54-55 (I. Everson) ; **Delaware State Archives** p. 17 (g) ; **DRK Photo** p. 25 (bg, J. Foott) ; **Environmental Picture Library** pp. 5 (h, S. Gamester) et 16 (V. Miles) ; **Mary Evans Picture Library** p. 49 (h) ; **Explorer** p. 13 (bd, P. Cheuva) ; **Jeff Foott** p. 26 (b) ; **Jennifer Fry** p. 61 ; **Genesis Space Photo Library** p. 6 ; **Greenpeace** pp. 12 (hg, Merjenburgh), 46 (g et d, Grace), 47 (Morgan) et 51 (h, Morgan) ; **Robert Harding** pp. 5 (cd, L. Tettora), 17 (d), 24 (d) et 25 (h, P. van Riel) ; **Hollandse Hoogte** p. 62 (E. de Kam) ; **Eric & David Hosking** pp. 33 (hg et bg, D. P. Wilson) et 52-53 (h) ; **Hulton-Deutsch Collection** p. 58 (h) ; **Jacana** p. 34 (b) ; **Franc Lane** pp. 7 (hd, S. Jonasson), 19 (d, R. Tidman), 22-23 (R. Tidman), 23 (R. Tidman), 44 (g, T. Wharton), 45 (d, D. Robinson) et 56-57 (R. van Nostrand) ; **Magnum** pp. 12-13 (P. Fusco) et 13 (J. Gaumy) ; **Mansell Collection** p. 24 (g) ; **Nature Photographers** p. 18 (g) ; **NHPA** pp. 5 (b. K. Ghani), 30-31 (ANT/D. Parer), 36 (bd, A. Bannister), 49 (b, ANT/K. Aitken) et 53 (b, S. Krasemann) ; **Norwich Union Coastwatch UK** p. 63 (h) ; **Oxford Scientific Films** pp. 4 (cg, D. Lee), 7 (hg, Animals Animals/L. Trusty), 25 (bd, D. Allan), 37 (h, L. Gould ; b, S. Cunliffe), 38 (h, M. Gibbs), 43 (h, P. Parks ; b, Animals Animals/L.L. Rue) et 50 (P. Parks) ; **Photo Researchers** p. 45 (g, W. R. Curtsinger) ; **Planet Earth Pictures** pp. 4 (cd, C. Roessler), 5 (cg, J. Duncan), 7 (b, R. Arnold), 14 (J. Bracegirdle), 18-19 (F. Schulke), 34, 36 (g, P. Atkinson), 39 (bg, R. Salm ; bd, W. Williams), 48 (d, J. Wall) et 51 (b, R. Hessler) ; **RSPB** p. 63 (b, C. Gomersall) ; **Smithsonian Institution, Washington** p. 58 (b) ; **Survival Anglia** pp. 12 (hd, J. Foott), 29 (F. Koster), 33 (d, M. Price), 39 (h, J. Foott) et 53 (c, J. Foott) ; **Town Docks Museum, Kingston upon Hull** pp. 60-61 ; **Koen van Waerebeek** p. 44 (d).
Illustrateurs : Graham Allen, Stephen Lings, Mick Loates, Shane Marsh, Jane Pickering, Richard Smith, (Linden Artists), Kuo Kang Chen, Selwyn Hutchinson, Richard Phipps.

Sommaire

Oui, quel est
le plus profond,
le plus impénétrable
des deux :
l'océan
ou
le cœur humain ?

Comte de Lautréamont

Les mondes de la mer

Derniers espaces sauvages

Que signifie la mer pour vous ? Les vagues ? La plage ? Les mouettes ? La mer est tout cela – et bien plus encore. Elle est essentielle à la régulation de notre climat, qu'il soit chaud ou froid, humide ou sec. Mais c'est surtout un vaste espace sauvage, foisonnant de formes de vie très différentes de celles qui se trouvent dans notre monde de terre et d'air.

Quelques centaines de millions d'années avant l'apparition de la vie sur la Terre, la vie dans la mer était déjà riche et complexe, et aujourd'hui elle abrite plusieurs milliers d'espèces de plantes et d'animaux.

Malgré les techniques d'exploration, il nous reste beaucoup à découvrir sur la mer.

Ci-dessus : Le saut d'un orque, qui paraît petit dans ce vaste plan d'eau bleue !
Ci-dessus, à droite : Une des 500 espèces de crinoïdes. Nous commençons à peine à comprendre comment vivent ces étranges et magnifiques créatures.
Ci-dessus, à gauche : De nombreuses zones marines sont encore inaccessibles ; comme cet atoll de corail, ces endroits restent, même aujourd'hui, encore intacts.
À gauche : Beaucoup d'espèces marines sont très fécondes. Bénéficiant d'un haut taux de reproduction, leur population peut se rétablir rapidement après un désastre.

RÉAGISSONS !

Bonnes nouvelles pour la mer :

- **Le volume de la mer dépassant 1 000 millions de km^3, il existe ainsi une énorme quantité d'eau pour dissoudre la pollution.**
- **La nature soumet de nombreux habitats marins à des changements imprévisibles. De ce fait, les espèces qui y vivent possèdent une capacité innée de compenser les désastres provoqués par l'homme, comme la pollution ou la pêche excessive.**
- **Certaines parties de la mer éloignées et inaccessibles sont épargnées.**

En haut : Les déchets et les boues industrielles tuent la vie marine partout dans le monde.
Ci-dessus : Les progrès techniques permettent de capturer de plus en plus de poissons et, de ce fait, menacent la vie marine.
Ci-dessus, à droite : Plus la population humaine s'accroît sur les côtes, plus son activité de pêche engendre des nuisances pour la vie marine.
À droite : Quand les pétroliers répandent du pétrole, les oiseaux de mer, comme ce guillemot, en paient le prix.

Des ordures dans la mer

Depuis que l'homme existe, la mer a été utilisée comme source de nourriture, de matériaux de construction, pour l'habillement, la bijouterie, la médecine, mais aussi comme poubelle.

Tant que la population humaine était limitée, cela ne portait pas à conséquence, mais actuellement, avec cinq milliards d'habitants sur la planète, dont 70 % vivent à moins de 320 km des côtes, les problèmes s'aggravent. La pollution par les déchets et les boues industrielles empoisonne déjà nos mers. Pour satisfaire à la demande croissante de produits culinaires d'origine marine, on pratique des pêches excessives ; même les fonds sous-marins commencent à être exploités pour leurs minerais.

RÉAGISSONS !

Mauvaises nouvelles pour la mer :

- **La population humaine s'accroît, surtout dans les pays pauvres qui ne peuvent se doter des méthodes coûteuses de prévention de la pollution.**
- **La pollution se concentre dans les eaux côtières et les mers fermées, et donc ne parvient pas à se diluer dans les océans.**
- **On connaît peu de choses sur la vie marine, et les scientifiques commencent juste à découvrir les atteintes qui lui sont causées par les produits chimiques rejetés à la mer.**

La planète Océan

Plus de 70 % de notre planète sont recouverts d'eau, de sorte que la Terre pourrait s'appeler d'un nom plus approprié : « la Mer ». Une partie seulement de la surface de la terre ferme constitue un support pour la vie, qui ne s'y étend guère qu'à quelques mètres au-dessus et en dessous du niveau du sol.

En revanche, la mer est habitée depuis sa surface jusqu'à ses profondeurs, qui peuvent atteindre 11 000 mètres. Elle fournit donc 99 % de l'espace disponible pour la vie sur notre planète.

Bien qu'il existe moins de barrières naturelles ou artificielles aux mouvements dans la mer que sur la terre, les océans sont divisés en un très grand nombre d'habitats différents déterminés par le lieu, la profondeur, les courants et la forme des côtes. Chaque habitat marin possède sa faune et sa flore distinctes.

Un habitat à l'échelle mondiale

Si la profondeur, la localisation, les ressources en nourriture et la distance aux côtes sont suffisantes pour créer des habitats différents, elles ne constituent pas des barrières absolues : les animaux peuvent vagabonder. Les tout jeunes animaux marins sont souvent portés, par les courants, loin de leurs lieux de naissance jusqu'à ce qu'ils aient trouvé un habitat similaire, qui peut se situer à des milliers de kilomètres de distance.

C'est ainsi que certains organismes marins se sont répandus dans toutes les mers. Alors que, sur terre, on constate que plusieurs espèces vont occuper la même niche écologique, dans la mer une seule espèce pourra occuper la même niche au niveau mondial.

Dès lors, il n'est pas surprenant que, sur plus de 5 millions d'espèces de plantes et d'animaux vivant sur notre planète, on n'en trouve que 250 000 dans la mer.

À droite : Vue de l'espace, la Terre paraît bleue parce qu'elle est surtout couverte par la mer. Un extraterrestre pourrait l'appeler la « planète Océan ».

Une myriade d'habitats

Supposons qu'un Ovni ramasse un échantillon de vie marine, le contenu de cet échantillon dépendra de l'endroit de la collecte (distance à un pôle ou à l'équateur et à une côte) ainsi que de sa profondeur.

Un échantillon pris à la surface de la mer, éclairée par le soleil, sera très différent d'un autre pris à 150 mètres de profondeur, là où n'arrive plus la lumière, où les plantes ne peuvent donc grandir et où la vie dépend de la matière organique qui sédimente depuis la surface. Un autre échantillon, venant de l'Arctique, où la vie s'arrête presque en hiver et explose en été, sera très différent de celui provenant d'une mer tropicale, où il fait chaud toute l'année. De même, un échantillon récolté sur la côte, où les plantes s'accrochent aux rochers, sera différent de celui ramassé en plein océan, où flotte un minuscule plancton.

Les combinaisons de diverses profondeurs, distances aux côtes et positions géographiques sont presque infinies ; et à chaque combinaison, correspond un habitat dans la mer.

Ci-dessus : Les algues ancrées au rivage, et ainsi exposées à la lumière, peuvent développer une véritable jungle sous-marine qui procure un habitat à une multitude d'animaux.
À droite : Le plancton végétal et animal flotte dans les eaux superficielles et se reproduit avec une prolixité incroyable : il constitue la source de nourriture majeure de toute la vie marine.

La mer vivante

Qu'il s'agisse de grandes algues marines ou de minuscules phytoplanctons, la flore marine, tout comme celle de la terre, a besoin d'éléments nutritifs et de lumière solaire. Les aliments sont abondants dans certaines parties de la mer et rares dans d'autres, ce qui détermine des habitats marins différenciés.

Quand les courants remontent du fond des océans, des éléments nutritifs sont portés vers la surface, ce dont tire profit un abondant plancton. Un grand nombre d'oiseaux et d'animaux se rassemblent à ces endroits privilégiés.

En fait, une grande partie de l'océan n'est qu'un désert bleu à cause du manque de nourriture. Seuls, des récifs de coraux parviennent à se développer dans certaines parties de ce désert, subsistant grâce à un système efficace de recyclage de rares éléments nutritifs.

Les oiseaux de mer, comme ce fou de Bassan, plongent sur les poissons dans les eaux à forte production planctonique.

RÉAGISSONS !

Que pouvez-vous faire pour aider à sauver la mer ?

- **Souvenez-vous que le plus grand obstacle à sa préservation est la méconnaissance de la mer !**
- **Informez-vous sur la mer et sur la vie qu'elle recèle et parlez-en autour de vous !**
- **Adhérez à une association qui fait campagne pour la protection et la sauvegarde du milieu marin !**

Du poison dans la mer

La pollution est la plus grande menace pour la vie marine. Partout, la mer est utilisée comme décharge gratuite de déchets. Beaucoup de produits chimiques rejetés dans les océans ne se dégradent pas, mais s'accumulent dans les organismes vivants. Les polluants se transmettent entre animaux par la chaîne alimentaire, en se concentrant à chaque étape de cette chaîne. Nous commençons seulement de découvrir les atteintes que ces produits causent à la mer.

Trop proche des hommes

Les endroits les plus pollués de la mer sont situés près des côtes. Les villes, les fermes, les usines et les rivières qui transportent les déchets venant de l'intérieur du pays jettent leurs détritus dans les eaux côtières.

La plupart des pays déversent leurs eaux d'égouts, sans traitement, directement dans la mer. En s'oxydant, leurs matières organiques privent les animaux marins d'un oxygène vital. Le produit de cette oxydation, riche en éléments nutritifs, provoque la croissance des algues vertes qui privent encore plus l'eau de son oxygène.

Dans les pays industrialisés, les déchets contiennent des pesticides, des produits chimiques ainsi que des « métaux lourds » provenant des décharges. À fortes concentrations, ces substances peuvent tuer immédiatement la vie marine et, à faibles concentrations, elles causent des empoisonnements à long terme.

Les centrales nucléaires, souvent situées sur les côtes, répandent des déchets radioactifs dans la mer, soit délibérément, soit par fuites accidentelles.

En pleine mer

Il n'y a pas que les zones côtières qui soient polluées. Du DDT a été trouvé dans le corps des pingouins de l'Antarctique, provenant des insecticides répandus sur les récoltes, et la combustion des PCB à terre produit des fumées qui se répandent sur toute la planète avant de se dissoudre dans la mer.

On jette délibérément des substances dangereuses en pleine mer en y déversant des boues de vidange ou des résidus industriels. Plus préoccupants encore sont les déchets radioactifs largués dans des blocs de béton au fond de fosses océaniques.

Ces déchets restent potentiellement dangereux, même après des centaines ou des milliers d'années.

Matière organique
Ces boues vont se dégrader en s'oxydant, appauvrissant de ce fait la vie marine.

Algues vertes
L'effet fertilisant des eaux usées et des déchets de l'agriculture provoque une explosion de croissance des algues vertes, qui ensuite en meurent et étouffent la vie alentour.

Déchets radioactifs
On connaît encore mal les effets sur la vie marine des eaux rejetées par les centrales nucléaires ou les effets des déchets nucléaires remisés dans du béton qui laisse fuir la radioactivité. Ces effets sont de longue durée.

Phoques

Les PCB
Les phoques et d'autres mammifères marins ne se reproduisent plus et leur résistance est réduite. Leurs corps accumulent d'autant plus de produits chimiques que ces animaux sont presque au sommet de la chaîne alimentaire. Dans le monde, de nombreuses espèces sont atteintes de cette façon.

Ordures
Les sacs en plastique jetés des bateaux peuvent étouffer et étrangler les oiseaux de mer, les poissons et les animaux marins.

« Colis » en béton
Les déchets radioactifs sont placés dans des blocs de béton et déposés dans des fosses océaniques profondes ; ils restent potentiellement dangereux pendant de nombreuses années.

Guillemots

Déchets industriels
Des fûts contenant des déchets industriels sont jetés à la mer ; ils sont scellés, mais des fuites peuvent se produire.

Manchot empereur

PCB, DDT, Métaux lourds
Ces polluants sont la cause d'un amincissement de l'enveloppe des œufs de poissons et d'oiseaux de mer ainsi que de déformations chez les jeunes poissons et coquillages ; en fortes concentrations, ils tuent.

Buccin commun

RÉAGISSONS !

Que peut-on faire pour prévenir une dégradation accrue de nos mers et assurer un environnement propre aux plantes et aux animaux dans l'avenir ?

- **Il faudrait arrêter le déversement des égouts et des rejets industriels dans la mer.**
- **Il faudrait séparer les déchets domestiques des déchets industriels.**
- **Toutes les eaux usées devraient être traitées dans des stations d'épuration.**
- **Il faudrait trouver des produits biodégradables pour remplacer les produits chimiques à longue durée de vie tels que les PCB ou le DDT.**
- **Il faudrait traiter les produits chimiques dangereux, à terre, par des procédés spéciaux de combustion dans des enceintes fermées.**

Eau bleue...

Le détroit du Prince-Guillaume ouvre sur une immense baie de la côte ouest de l'Alaska, surmontée de sommets couverts de glace et de glaciers. C'est l'un des endroits les plus merveilleux de la Terre. On y trouve peu d'installations humaines et, pour la plupart, il s'agit de pêcheries.

Depuis 1977, ce détroit est devenu le terminus du pipeline pétrolier Transalaska qui transporte le pétrole brut des puits de la côte Nord, situés à 1 200 km, jusqu'à son point de chargement dans des tankers. Chaque tanker en transporte près de 40 millions de litres, et 900 de ces tankers chargés passent chaque année par les eaux du détroit.

Bien plus qu'un beau paysage

Ce détroit n'est pas seulement magnifique, il grouille de vie. Ses 6 500 km^2 d'eaux ouvertes sur le large sont riches d'éléments nutritifs et d'oxygène, ce qui, en été, provoque une immense floraison de plantes microscopiques formant le plancton.

D'une façon ou d'une autre, ce plancton subvient aux besoins de 200 espèces différentes d'oiseaux, d'au moins 4 espèces de saumon et 11 de mammifères marins, y compris des otaries, des orques, des lions de mer et le marsouin de Dall. Au printemps, les animaux vivant dans le détroit sont rejoints par les migrants venant du sud : baleines franches, baleines grises et 15 millions d'oiseaux côtiers. Tous ces visiteurs arrivent à la fin de mars, au moment où les résidents, comme les otaries ou les oiseaux de mer, s'apprêtent à donner naissance à leurs petits, en profitant de l'abondance de la nourriture d'été. Cela se passait ainsi jusqu'en mars 1989.

À droite : Le détroit du Prince-Guillaume en Alaska, avant la fuite de pétrole de l'*Exxon* en mars 1989.

Macareux huppé
Ces macareux hivernent au large et viennent sur terre pour se reproduire au printemps.

Marsouin de Dall
Ce nageur rapide plonge en profondeur pour chasser le calmar et le poisson.

Lion de mer de Steller
Il vit toute l'année dans le détroit, généralement dans un rayon de 45 km au large des côtes.

RÉAGISSONS !

Les sociétés modernes dépendent du pétrole pour les automobiles et l'industrie.

• Le pétrole est transporté autour du monde dans d'énormes tankers.

• Beaucoup de tankers sont vieux et en mauvais état.

• Les récifs de coraux, les mangroves et les habitats marins polaires sont gravement endommagés en cas de pollution.

• Un grand tanker ne peut s'arrêter que sur une distance de 3 km au moins.

• La route de ces tankers ne s'éloigne presque jamais des côtes.

Ce que vous pouvez faire :

• Marchez ou roulez à vélo ou utilisez les transports publics au lieu de l'automobile. Moins nous utilisons de carburant, moins nous devons en transporter par mer.

Cette otarie de mer a pu être nettoyée dans un centre spécialisé. Beaucoup d'autres sont mortes de froid parce que leur fourrure, imprégnée de pétrole, ne les a plus protégées.

Certains aigles chauves sont morts, empoisonnés par le pétrole avalé en mangeant le corps d'autres animaux pollués.

... Mort noire

Le 24 mars 1989, juste avant une heure du matin, le pétrolier *Exxon Valdez* heurta les rochers de la pointe nord du détroit du Prince-Guillaume et 40 millions de litres de pétrole brut se déversèrent dans la mer par des trous béants dans sa coque. Le pétrole dériva au gré des vents et des courants et il couvrit d'immenses étendues marines : il englua au moins 2 000 km de côtes. À la fin de l'été, le pétrole avait tué 100 000 oiseaux, dont 150 aigles chauves, plus de 1 000 otaries de mer et des communautés entières de vie végétale et animale. Leurs corps ayant coulé, il est impossible d'estimer combien de phoques, de lions de mer ou de baleines y ont trouvé la mort.

Pourquoi les marées noires tuent-elles ?

La plupart des pipelines et des pétroliers transportent du pétrole brut. C'est un mélange de substances comprenant du pétrole, de l'huile et des goudrons. Quand le brut se répand dans la mer, il s'étale à sa surface et certains de ses composants, les plus toxiques, tel le pétrole, s'évaporent. Les animaux inhalent les gaz empoisonnés qui attaquent leurs poumons, leur foie et leurs nerfs. Quant à l'huile et au goudron, ils recouvrent les poils et les plumes des animaux, ce qui réduit leur résistance au froid et provoque un état de choc qui peut entraîner la mort. Ingérées, ces matières sont également toxiques.

En trois jours, les vagues et le vent ont transformé les matières déversées en une mousse épaisse, qui étouffe la vie pendant des mois avant de se concentrer en plaques de goudron. Avant cette étape « mousseuse », il est possible de pomper le pétrole ou de le dissoudre avec des produits chimiques toxiques appelés dispersants.

Ci-dessus : Une vaste opération de secours fut organisée pour nettoyer les plages après la catastrophe de l'*Exxon*. Pour de nombreux animaux, il était déjà trop tard !

Les effets à long terme

Beaucoup d'oiseaux, de mammifères et de poissons sont tués immédiatement par la marée noire, mais le pétrole peut continuer à tuer pendant des mois et des années parce qu'il diminue la résistance des animaux contre les maladies. Il risque aussi d'affecter la reproduction, de telle sorte que plus aucun jeune ne puisse être élevé avec succès.

Dès la fin de l'été 1989, on pouvait constater les effets durables du désastre : les aigles chauves ne se reproduisaient plus, leurs œufs ou leurs petits ayant été empoisonnés, et les mammifères marins présentaient des lésions internes. Il y avait pourtant des signes d'espoir : le plancton s'épanouissait et de nombreux poissons frayaient normalement.

Seules des études à long terme permettront de connaître tous les effets de la marée noire. Il est possible que le meilleur espoir pour l'avenir réside dans le caractère imprévisible de la mer, qui donne aux organismes marins une capacité naturelle à s'adapter aux changements. Le détroit du Prince-Guillaume peut guérir, mais personne ne sait combien de temps cela prendra.

Des oiseaux tels que les puffins ou les mouettes ont plongé dans les taches d'huile à la surface. C'était le début d'une mort lente.

En haut : En France, l'*Amoco Cadiz* s'est échoué sur les côtes bretonnes en 1978, répandant 220 000 tonnes de pétrole brut. Des milliers d'oiseaux sont morts et des kilomètres de côtes ont été recouverts de « mousse au chocolat ».
Ci-dessus : Dix ans après, la vie est redevenue presque normale. Mais combien de fois la mer pourra-t-elle encore s'en remettre ?

RÉAGISSONS !

Chaque année, 6 millions de tonnes de pétrole sont déversées dans les océans. La plus grande partie provient des « opérations normales » des pétroliers et pipelines. Ce sont souvent des rejets de faible quantité mais qui, néanmoins, peuvent détruire la vie sauvage.

Que peut-on faire ?

- **Améliorer la formation des équipages.**
- **Mettre au rebut les vieux tankers et les équipements dépassés.**
- **Mettre fin à la pollution délibérée due au nettoyage des soutes.**

Que pouvez-vous faire ?

- **Écrivez à une ou plusieurs compagnies pétrolières pour leur demander ce qu'elles font pour éviter la pollution des mers.**

Sur les rochers

Les côtes rocheuses offrent aux plantes et aux animaux marins un ancrage sûr, riche en matières nutritives et éclairé par la lumière solaire. Mais cette vie a ses avantages et ses inconvénients parce que les espèces côtières sont aussi exposées à l'air, au soleil, au vent, à la pluie et au froid.

Sur les côtes polaires et tropicales, les températures extrêmes, froides ou chaudes, maintiennent une grande partie de la faune et de la flore en dessous de la marée basse et les rivages paraissent plutôt nus. Mais les rives rocheuses dans les climats tempérés sont couvertes d'organismes vivants et d'espèces marines parmi les plus fascinantes.

Maintenir l'équilibre

Les habitants des côtes sont en concurrence pour se nourrir et pour occuper l'espace, et sont balayés par les tempêtes. Tous ces changements constants créent un équilibre naturel global qui maintient une grande diversité d'espèces sur une rive rocheuse saine. Cela signifie aussi que les plantes et les animaux du rivage dépendent les uns des autres de façon complexe et que, si l'on dérange une espèce, cela peut avoir des conséquences désastreuses sur beaucoup d'autres.

La chaîne brisée

Les étoiles de mer et les buccins mangent des moules.

Les balanes, les patelles, les algues et beaucoup d'autres espèces colonisent l'espace libéré quand les moules ont été mangées.

Les eaux chaudes émises par les centrales nucléaires tuent les larves de buccins et d'étoiles de mer. En l'absence de ces prédateurs qui limitent leur nombre, les moules envahissent le milieu.

RÉAGISSONS !

Voici quelques conseils pour découvrir le monde vivant sur les rochers lors de votre prochain séjour sur la côte.

- **Observez la côte à bonne distance ! Pouvez-vous distinguer les lignes de zonation des algues et des lichens sur les rochers ?**
- **Marchez vers la mer, arrêtez-vous tous les dix pas et essayez de déterminer les espèces végétales et animales présentes autour de vous !**
Normalement, vous devez trouver des diversités variables selon la distance à la côte.
- **Décelez les signes de pollution par le pétrole, les égouts ou les produits chimiques ! Prenez note de ce que vous voyez ou prenez des photos, et exposez les faits à votre journal ou aux élus locaux !**

Concurrence pour l'espace

Si vous descendez à marée basse sur une rive rocheuse, depuis la terre ferme jusqu'au bord de la mer, vous marcherez au début sur des roches presque nues, puis sur des algues assez denses. Vous verrez que la côte est divisée en bandes horizontales bien définies, appelées zones, avec pour chacune des algues et des animaux caractéristiques.

La composition et la taille de chaque zone dépendent des caractéristiques de la côte où vous vous trouvez, mais le phénomène de zonation est présent partout dans le monde. Pourquoi ? Parce que les animaux et les végétaux vivant dans une bande homogène rencontrent des facteurs semblables, tels que la lumière et l'exposition à l'air. Ces facteurs sont dits limitants, car ce sont eux qui limitent le territoire occupé par une espèce.

De plus, une espèce adaptée à un milieu entre en concurrence avec les autres. Elle s'installera d'autant mieux à un endroit où la concurrence est faible et les facteurs supportables. La zonation est donc due à une distribution caractéristique des espèces végétales, certaines, majoritaires, déterminant la couleur de la zone.

L'égout se déversant dans la mer fertilise à l'excès les algues vertes, qui grandissent et étouffent la vie côtière.

La zone moyenne
Elle est exposée à l'air deux fois par jour pendant quelques heures. La vie y est plus variée et plus abondante que dans les zones plus élevées et la concurrence entre espèces y est féroce. On y trouve surtout des algues brunes, qui craignent l'exposition prolongée à l'air et abritent de nombreux animaux. Le bigorneau commun pond dans la mer, s'abrite sous les algues et bouche sa coquille avec du mucus pour éviter de se dessécher. Les buccins mangent les patelles. Les animaux à corps mou comme les anémones de mer vivent dans des crevasses ou de petits bassins.

La zone basse
Le rivage bas, exposé à l'air lors des grandes marées, quelques fois par mois ou par an, est la zone la plus riche avec le plus grand nombre d'espèces. Les algues et les animaux à corps mou qui ne peuvent survivre à une exposition à l'air habitent cette zone, entrant en concurrence entre eux et avec des espèces qui viennent du large. De grandes algues, appelées laminaires, servent d'abri ou de support pour les autres plantes ou animaux. Les étoiles de mer remplacent les buccins comme prédateurs de coquillages.

Laminaire

Violet

La zone à embruns
Humectée de façon permanente par les embruns salés, cette zone héberge quelques espèces sans lien étroit avec la mer. La petite littorine est un escargot marin qui a développé un poumon, mais dépose ses œufs dans la mer. Les puces de mer sont des insectes d'origine terrestre, et la ligie est un crustacé qui ressemble aux cloportes.

La zone haute
Exposée à l'air 24 heures, ou même plusieurs jours d'affilée, cette zone n'est recouverte par la mer que pendant quelques heures. Les algues *Pelvetia* disposent d'huile dans leurs frondes, qui empêche qu'elles ne se dessèchent. Les balanes se referment lorsqu'elles sont exposées à l'air et s'ouvrent pour filtrer les particules de nourriture quand la marée les recouvre. Les œufs de bigorneau sont couvés dans le corps de la femelle, ce qui leur évite de sécher.

La plage dorée

À première vue, la plage peut paraître dépourvue de vie parce que peu de plantes et d'animaux réussissent à s'accrocher sur la surface instable du sable. Cependant, beaucoup d'animaux vivent sous le sable, protégés des vagues et de l'air desséchant.

Des vers, des crabes et des mollusques y résident, creusant parfois dans le sable pour filtrer leur nourriture. À leur tour, ils servent de proies aux animaux visiteurs qui viennent sur les plages pour manger et se reproduire.

Les animaux qui vivent protégés dans le sable sont partout menacés par les activités humaines.

Encore plus de déchets

Partout dans le monde, les eaux usées et non traitées provenant des déchets humains sont déversées sur les côtes, mais ce sont les rivages européens les plus affectés, car ils reçoivent de nombreux touristes. Les eaux d'égouts pourrissent dans des eaux peu profondes, utilisant l'oxygène dissous et asphyxiant les animaux se trouvant en dessous, dans le sable.

Avec les touristes viennent aussi les pêcheurs à la ligne qui cherchent des vers de sable comme appâts. Des millions de vers sont récoltés ; ce qui réduit les populations de façon radicale et dérange l'habitat des autres animaux vivant dans le sable, tout en faisant remonter la pollution enterrée.

L'afflux saisonnier de vacanciers sur la côte entraîne une augmentation incontrôlable des déchets rejetés sur les plages.

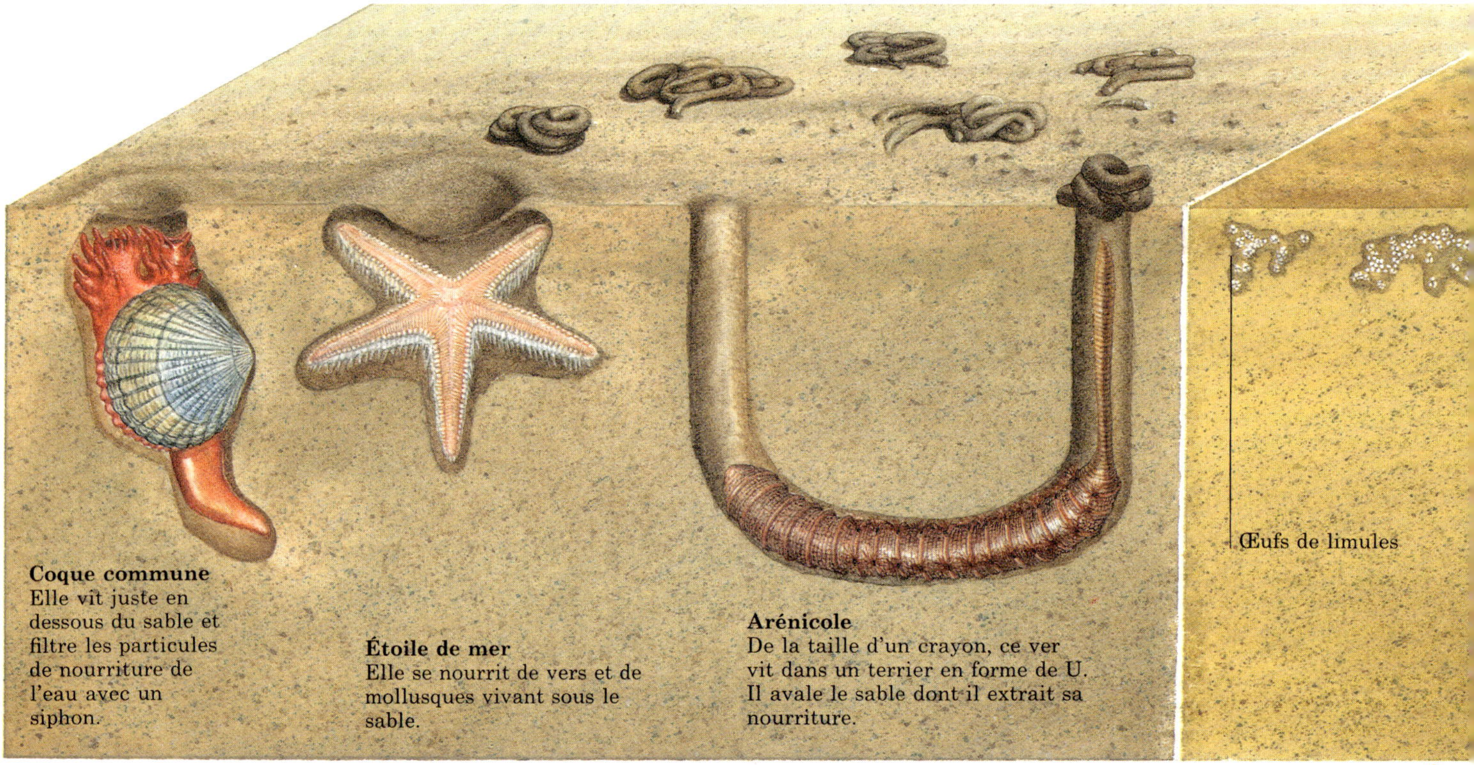

Coque commune
Elle vit juste en dessous du sable et filtre les particules de nourriture de l'eau avec un siphon.

Étoile de mer
Elle se nourrit de vers et de mollusques vivant sous le sable.

Arénicole
De la taille d'un crayon, ce ver vit dans un terrier en forme de U. Il avale le sable dont il extrait sa nourriture.

Malheureuses limules

Chaque mois de mai, les plages de la baie de Delaware, sur la côte est des États-Unis, sont couvertes de ces limules. Ce ne sont d'ailleurs pas de vrais crabes mais de véritables fossiles vivants, comparables aux araignées de mer, bien qu'elles leur ressemblent peu. Elles viennent sur les rivages de la baie pour déposer leurs œufs, qui constituent une source vitale de nourriture pour des milliers d'échassiers migrant le long de la côte. Il y a cent ans, ces limules étaient beaucoup plus abondantes qu'aujourd'hui. Leur nombre s'est réduit quand, chaque année, 5 millions d'entre elles furent ramassées pour servir d'aliment pour le bétail. On arrêta ce procédé vers les années cinquante, quelques plages furent protégées et maintenant la population de limules montre des signes de rétablissement.

Des centaines de millions de limules furent tuées sur la côte est des États-Unis à la fin du XIXe et au début du XXe siècle. Leurs populations pourront encore se rétablir.

Raids sur le sable

Les plages tropicales bordées de palmiers sont peuplées par diverses sortes de crabes. Ils courent le long de l'eau, fouillent pour trouver leur nourriture et se terrent dans le sable pour se protéger. Le sable des plages est prélevé pour construire des hôtels ou des pistes d'aéroport. Les crabes et autres animaux sont repoussés plus loin. Les pays pauvres essayent de gagner de l'argent en développant leurs infrastructures touristiques, ce qui est normal ! Mais, ironie du sort, ils détruisent leurs plages, qui sont la source de leur développement touristique.

Le tourisme, qui a détruit la flore et la faune de nombreuses côtes d'Europe et d'Amérique, menace celles des plages tropicales.

Bécasseaux et limules
Pendant leur séjour de deux semaines dans la baie de Delaware, 50 000 bécasseaux mangent 27 tonnes d'œufs de limules.

Crabes de sable
En voici deux exemples. Ce petit crabe de sable *Uca* ramasse les boules de sable et en râcle de minuscules particules mangeables. Le crabe « fantôme » *Ocypode* vit dans des terriers sous le sable et mange les restes de plancton laissé par les vagues.

RÉAGISSONS !

Les plages disparaissent partout dans le monde et la vie sauvage avec elles. Assurez-vous que vous préservez la faune et la flore des plages que vous visitez !

- **Ne dérangez pas les animaux, ne retournez pas les pierres, ne creusez pas ! Observez sans toucher, pour le plaisir de regarder vivre !**
- **Remportez vos déchets avec vous ou mettez-les dans un vide-ordures !**
- **Prenez vos vacances simplement : restez en dehors des grands ensembles touristiques qui font fuir les animaux et endommagent la flore !**

Les environs des bords de mer

Nous aimons tous les vacances au bord de la mer. Pourtant, c'est une triste affaire pour toutes sortes d'animaux marins et, notamment, pour les tortues de mer. Elles sillonnent les océans les plus chauds du globe et déposent leurs œufs sur les plages de sable, qu'elles doivent maintenant partager avec les touristes. Le problème est crucial en Méditerranée, où les tortues ont été repoussées d'une plage à l'autre par les 100 millions de personnes qui séjournent chaque année en bord de mer.

Le tourisme, cauchemar des tortues

Une tortue cacouane femelle nage vers la plage sablonneuse d'une île grecque. Elle passe sa vie en mer, mais maintenant elle doit venir à terre pour enterrer ses œufs, et le sable chaud les couvera. Elle a attendu le crépuscule en mer avec d'autres femelles et elles ont dû éviter les hors-bord et les skieurs nautiques toute la journée. Comme elle arrive sur la plage, des phares de voitures s'allument parmi les dunes et du bruit provient des tavernes. Terrifiées, certaines femelles retournent à la mer où leurs œufs sont perdus et meurent.

Enfin, notre femelle trouve un coin de sable qui n'a pas été tassé par les autos et les pieds des touristes. Elle creuse son nid et y dépose ses 150 œufs de la grosseur d'une balle de golf. Au lever du jour, elle a fini d'enterrer ses œufs et retourne vers la mer. Durant les 50 ou 60 jours avant leur éclosion, les œufs pourront avoir été piétinés par des vacanciers. S'ils survivent, les jeunes peuvent rester prisonniers du sable tassé, ou encore mourir en confondant l'éclairage des rues, qui les attire vers l'intérieur des terres, avec la lueur de la mer...

À droite : Une tortue cacouane femelle retourne à la mer après avoir déposé ses œufs. Les œufs et les jeunes ont toujours couru des risques avec les prédateurs ; maintenant le tourisme menace également leur survie.

Le public s'amuse... pas la nature

De par le monde, 6 des 7 espèces de tortues marines sont déjà en danger par la faute des chasseurs et des collectionneurs d'œufs. En outre, le tourisme cause un vrai désastre sur les plages à œufs, en Grèce par exemple.

Les vacanciers sur les plages peuvent faire des dommages à toutes sortes d'animaux. Aux îles Hawaii, les hors-bord et les planches à voile passent au-dessus de baleines femelles et de leurs nouveau-nés, les poussant vers des eaux moins protégées où les conditions sont loin d'être idéales pour la survie des jeunes.

Les véliplanchistes perturbent la vie marine en naviguant dans des baies presque fermées et de faible profondeur, où les bateaux ne peuvent pas aller. Sur l'estuaire de l'Ythan en Écosse, des groupes de canards eiders, trop jeunes pour voler, s'épuisent à éviter les surfers. Hôtels, marinas, autos et ordures, c'est-à-dire le tourisme à grande échelle, ne sont pas compatibles avec la vie sauvage.

L'oyat, une herbe spéciale qui se plaît en milieu sableux, retient les dunes, de telle sorte que les animaux et les plantes peuvent les coloniser. Les pieds des marcheurs abîment l'herbe, ce qui fait disparaître la dune et son écosystème. Ici, la solution a consisté à replanter des boutures d'oyat (East Anglia, Angleterre).

RÉAGISSONS !

Voici comment certains pays aident leurs tortues :
- **en réglementant la chasse et la collecte des œufs,**
- **en interdisant le commerce des carapaces de tortue,**
- **en protégeant les œufs et les jeunes tortues des prédateurs et du public sur les plages.**

Protégez la nature sur les plages et en vacances :
- **Documentez-vous sur la vie sauvage de la plage que vous visitez !**
- **Ne dérangez pas cette vie, ni hors de l'eau ni dans l'eau !**
- **N'achetez jamais de souvenirs fabriqués avec des animaux !**
- **Vivez comme Robinson Crusoé : emmenez un matériel de plage simple et pratique !**

Les rivières qui vont à la mer

Bateaux et loisirs
Les marinas et les docks commerciaux sont construits sur des estuaires, ce qui laisse moins d'espace aux oiseaux. Le mazout et les divers chargements provoquent des pollutions. Les peintures antifouling pour les coques des bateaux contiennent du TBT (tributyléthyl) qui, relargué, empoisonne les larves d'invertébrés et de poissons dans l'estuaire.

Quand une rivière se jette dans la mer, elle amène une eau douce et calme qui se mélange à l'eau salée. Ce mélange et ce calme font que ces deux types d'eau abandonnent leur charge de sédiments et de débris de plantes et d'animaux, qui tombent au fond. D'année en année, les dépôts s'accumulent, donnant des vasières et des marais salés. Ainsi, un estuaire se constitue et devient un habitat convoité par les animaux et par les hommes.

La vase bienfaitrice

La vase est la source de richesse d'un estuaire. Elle est pleine de matière organique, débris de feuilles et d'algues, déchets et corps d'animaux qui constituent des aliments parfaits. Les vers avalent la boue pour en extraire cette matière organique, les mollusques filtrent l'eau pour la retenir, et les crustacés grattent la vase pour la trouver.

La rivière ainsi que les marées apportent en permanence de nouveaux éléments, fournissant assez de matières nutritives pour qu'un demi-kilo d'invertébrés puissent vivre sur chaque mètre carré de vase. Ces mangeurs de détritus deviennent la nourriture d'un grand nombre d'oiseaux quand la marée se retire, ou de poissons à marée haute. C'est ainsi que les estuaires figurent parmi les habitats essentiels au maintien de la vie sauvage.

Phoque gris

Mulet

Limande

Festins à marée haute
Les poissons fréquentent l'estuaire pour se nourrir et les phoques les poursuivent. Tous, poissons et phoques, peuvent utiliser cet abri pour se reproduire. Sept sur dix des poissons et des fruits de mer commercialement les plus importants en Amérique dépendent des estuaires pour se nourrir et se reproduire.

Bécasseau maubèche

Pollution
Tout déchet rejeté dans une rivière aboutit dans l'estuaire. Les eaux usées consomment de l'oxygène pour s'épurer et asphyxient les animaux.

Mise en valeur des terres
Les estuaires sont parfois drainés pour pouvoir construire, sur terre ferme asséchée, des usines, des fermes, des maisons ou même des aéroports. Les oiseaux ont alors moins de nourriture et peuvent en mourir en hiver ou être incapables de se reproduire au printemps.

Crustacés

Escargots

Les mangeurs de vase
On ne trouve que peu d'espèces d'invertébrés dans les estuaires, mais en très grand nombre : dans un estuaire, en Grande-Bretagne, il y avait par mètre carré de boue : 36 000 escargots de la grosseur d'un pépin de raisin, 22 000 petits crustacés et 220 vers.

Néreis

Tadorne de Belon

Bécasseau variable

RÉAGISSONS !

Les activités humaines font peser un risque sur les estuaires dans de nombreuses parties du monde. Elles menacent les oiseaux et autres animaux qui s'y reproduisent ou s'y arrêtent pendant leurs migrations.
- **Certains endroits sont aménagés pour l'exploitation agricole ou forestière, ou pour les fermes aquacoles.**
- **Les rivières formant les estuaires peuvent être canalisées et détournées.**

Que pouvons-nous faire ?
- **Observez les oiseaux et les animaux dans l'estuaire le plus proche de chez vous !**
- **Soyez attentif aux signes de pollution et de perturbation !**
- **Affiliez-vous à une organisation qui fait campagne pour sauver les estuaires !**

Nourriture pour l'hiver, réserve pour le voyage
Des millions d'échassiers, de canards et d'oies passent l'hiver dans les estuaires ou les utilisent comme points de ravitaillement pendant leurs migrations. Un seul estuaire peut être essentiel pour des populations entières.

La frayeur des phoques

Égouts, pesticides, métaux lourds et même déchets radioactifs : tout est jeté à la mer. La plupart sont jetés délibérément, le reste rejoint la mer par les rivières polluées. On espère que toutes ces substances toxiques seront lessivées et diluées dans l'immense volume de la mer : mais les eaux côtières, où est pratiquée la majeure partie des rejets, sont de faible profondeur et d'autres, comme celles de la mer du Nord, sont peu renouvelées. En fin de compte, les polluants ne sont pas lessivés ni dilués, mais ils empoisonnent lentement la mer et ses habitants.

Poisons en chaîne

Les PCB, ou polychlorobiphényles, sont des sous-produits de nombreux processus industriels, comme la fabrication des peintures.

Rejetés dans les rivières et les mers, les produits chimiques sont absorbés par le plancton et se concentrent de plus en plus à chaque étape de la chaîne alimentaire.

Au sommet de la chaîne, les phoques reçoivent une bonne dose de PCB, ce qui réduit leur résistance à la maladie et leur capacité de reproduction. Il n'y a rien de surprenant à ce que le nombre de phoques dans la mer des Wadden, au large des côtes de la Hollande, de l'Allemagne et du Danemark, ait diminué de 1 500 en 1964 à 500 en 1974. Les femelles n'ont plus eu de jeunes.

De même, entre 1988 et 1989, plus de 17 000 phoques communs sont morts en mer du Nord d'une nouvelle maladie virale, parce que les PCB avaient affaibli leur résistance.

Ci-dessous : En mer du Nord, la résistance des phoques à la maladie a été réduite par la pollution. Beaucoup ont succombé à un virus mortel en 1988 et 1989.
En bas : Des phoques communs lézardent sur la côte en mer du Nord. Leurs corps sont intoxiqués par les polluants.

Poubelle de l'Europe

La mer du Nord reçoit les déchets de six pays au moins. Ces déchets provoquent des atteintes multiples à l'environnement marin. Par exemple, la matière organique rejetée par les égouts se décompose en consommant l'oxygène de l'eau, asphyxiant ainsi les poissons et les invertébrés. La présence de cette matière provoque également la multiplication soudaine de plantes microscopiques, qui peuvent empoisonner de vastes zones marines. Les métaux lourds, comme le mercure et le cadmium provenant de la pollution industrielle, sont d'autres tueurs potentiels trouvés à des niveaux élevés dans le corps des poissons, des oiseaux et des phoques.

De tous les polluants, les pesticides sont les plus communs. Ils empoisonnent le plancton, les œufs de poissons et les larves et sont responsables de la faible épaisseur des coquilles d'œufs d'oiseaux. Ce cocktail empoisonné, quel effet a-t-il sur les animaux de la mer du Nord ? Le nombre de dauphins et de marsouins a diminué, certains stocks de poissons se réduisent et, plus sinistre, beaucoup de poissons plats de la mer du Nord sont atteints de tumeurs cancéreuses et de maladies de la peau.

Dans la poubelle
65,5 millions de tonnes de polluants sont rejetés chaque année dans la mer du Nord.

Pétroles
– des bateaux : 60 000 tonnes,
– des plates-formes : 30 000 tonnes.

Produits chimiques
– des bateaux : 2 800 tonnes,
– des rivières :
nitrates : 1 666 567 tonnes ;
phosphates : 266 719 tonnes ;
cadmium, plomb, zinc, cuivre, mercure : 13 179 tonnes.

Déchets industriels brûlés en mer :
95 800 tonnes.

Déchets radioactifs : 5 500 TBq/an.

Produits rejetés à la mer
Boues de dragage : 55 257 000 tonnes,
Déchets liquides industriels : 1 679 356 tonnes,
Charbon et cendres des centrales énergétiques : 1 944 421 tonnes,
Rejets d'égouts : 5 077 000 tonnes.

Pollution atmosphérique
626 000 tonnes (estimation) provenant d'usines, de centrales et d'exploitations agricoles.

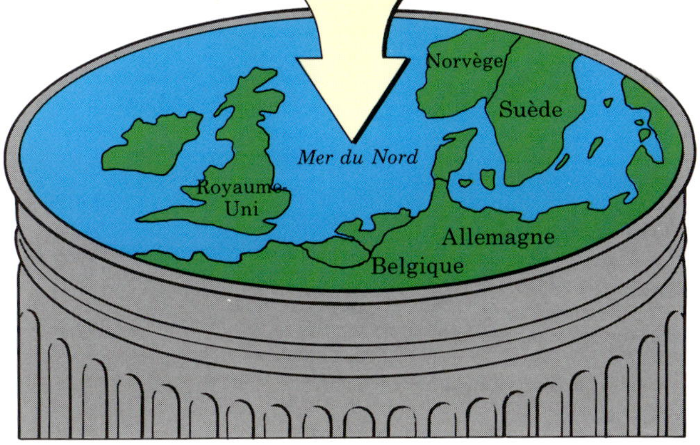

RÉAGISSONS !

La pollution des mers par les produits plastiques est également un problème général :

• 45 000 tonnes d'emballages en plastique sont jetés à la mer chaque année par le public des plages ou les passagers de bateaux.

• Chaque année, 1 million d'oiseaux de mer et 100 000 mammifères marins se tuent en avalant du plastique ou en restant prisonniers de ces matières.

Que pouvez-vous faire ?
• Ramenez chez vous toutes vos ordures de la plage ou du bateau !

Les oiseaux de mer

Il existe plus de 280 espèces différentes d'oiseaux de mer, depuis le minuscule pétrel qui pèse juste 25 grammes, jusqu'au manchot empereur, qui mesure 1,20 mètre et pèse environ 30 kg. Leurs ailes sont dessinées pour planer ou pour se propulser dans l'eau, et leurs pattes ont la forme de pagaies.

Mais les oiseaux de mer doivent retourner à terre pour se reproduire. Là, leurs pattes palmées et leurs ailes encombrantes les rendent maladroits et vulnérables envers les prédateurs terrestres. Pour diminuer les risques, ils vivent souvent en colonies, mais ils constituent alors une source de nourriture pour les autochtones et leur habitat peut être dérangé par les activités humaines.

Nicher sur un volcan

Les albatros sont peut-être les plus océaniques des oiseaux de mer, glissant au-dessus des vagues pendant des années. Parmi les 14 espèces différentes, la plus menacée est l'albatros à courte queue qui, jadis, nichait par centaines de milliers sur les îles du Pacifique nord. Les adultes ont été tués pour leur chair et leurs plumes de sorte que, dans les années trente, il n'en restait plus que 100. Maintenant ils sont protégés, mais ils ne nichent que sur la minuscule île japonaise de Torishima, où leur nombre a atteint 200. Même là, ils ne sont pas hors de danger : Torishima est un volcan actif, dont une éruption pendant la saison de nidification pourrait détruire toute l'espèce.

Albatros à courte queue

Ci-dessous : Les albatros, souvent observés à des centaines de kilomètres de la terre et dans de terribles tempêtes, ont donné lieu à d'innombrables superstitions. Une des plus connues veut que le malheur frappe celui qui tue un albatros.

Terre à hauts risques

Les oiseaux de mer réduisent les dangers que courent leurs œufs et leurs petits en choisissant pour nidifier des îles isolées, des falaises, à l'abri des prédateurs. Mais c'est une faible défense contre les hommes et contre les animaux que ceux-ci amènent avec eux, comme les rats et les chats. De plus, la petite nichée des oiseaux de mer exige beaucoup de nourriture pour grandir. Les parents sont alors dépendants des sources d'approvisionnement proches des côtes, menacées de destruction par une pêche excessive.

Les Bermudes sont un paradis pour les vacanciers, et les installations touristiques couvrent ce qui était autrefois l'habitat de reproduction des pétrels des Bermudes.

Le fou d'Abbots : menacé par les mines
Les nids des fous d'Abbots, installés haut dans les arbres, ne se trouvent qu'aux îles Christmas, au nord-est de l'océan Indien. Certains de ces sites sont dans des réserves, mais les mines de phosphate en menacent beaucoup.

L'alque marbrée
Ces oiseaux nichent seuls, parfois à des kilomètres à l'intérieur des grandes forêts de l'Alaska. Celles-ci sont menacées par les coupes à blanc. Des milliers d'alques meurent chaque année, pris dans les filets à saumons ou dans les plaques de pétrole répandues sur les routes maritimes.

Sauvetage des oiseaux

La façon la plus efficace de protéger les oiseaux de mer est d'arrêter l'exploitation et le dérangement des sites de nidification. Il faut aussi enlever les animaux introduits, car les rats et les chats dévorent les œufs et les jeunes, les chèvres et le bétail piétinent et détruisent les nids. D'autres mesures varient selon les espèces. Par exemple, le nombre de pétrels a augmenté depuis que des colliers spéciaux ont été disposés à l'entrée des nids pour refouler les oiseaux tropicaux maraudeurs.

Nous aussi, nous pouvons contribuer à la protection des oiseaux de mer en évitant de fréquenter les endroits de nidification.

Pour protéger les espèces, il faut être informé en permanence de l'état des populations. Pour connaître les migrations et la longévité des oiseaux, les biologistes les identifient avec des bagues.

RÉAGISSONS !

Que faut-il pour assurer la conservation des oiseaux de mer à travers le monde ?

- **Plus d'informations concernant leurs lieux de reproduction, le nombre et le succès des couvées.**
- **La protection des espèces par la loi, en particulier par l'interdiction de leur exploitation commerciale, et par la création de réserves spécifiques.**
- **L'enlèvement des prédateurs introduits, comme les rats, les chats, les chèvres, hors de tous les sites de nidification.**
- **La réglementation des rejets pétroliers et de toute pollution près des aires de reproduction.**
- **Beaucoup plus d'attention de la part des pêcheurs pour prévenir la prise accidentelle des oiseaux de mer dans leurs filets.**

Otaries, oursins et ormeaux

Regardez la mer, à marée basse, depuis une côte rocheuse dans n'importe quel endroit froid du monde. Au-delà de la ligne de ressac, vous apercevez l'extrémité de grandes frondes d'algues brisant la surface de l'eau. Vous voyez la partie supérieure des branches d'une forêt d'algues géantes appelées laminaires.

Constamment enveloppées d'eau fraîche, bien éclairées par le soleil et alimentées en matières nutritives par les vagues, ces algues poussent dans un paradis de plantes où elles créent un habitat pour toutes sortes d'animaux, depuis les limaces de mer jusqu'aux otaries.

Les amies des pêcheurs ?

Les otaries flottant sur le dos dans un lit de varechs, c'est plaisant, mais c'est une menace pour un pêcheur californien. Elles ont des goûts de luxe : elles adorent les ormeaux et autres coquillages valant des millions de dollars pour l'industrie de la pêche.

Les otaries de Californie sont devenues rares, on n'en compte que 1 500. Ce qui ennuie aussi les pêcheurs, c'est la tentative d'introduction de cette espèce sur de nouveaux sites, afin d'éviter la disparition de toute cette population en cas de marée noire. Les pêcheurs réclament des zones sans otaries, ce qui signifierait un abattage sélectif des colonies.

Néanmoins, si les otaries pouvaient proliférer, les pêcheurs seraient gagnants, parce que les laminaires ont besoin des otaries, et qu'un champ d'algues saines est un réservoir de poissons et de crustacés de grande valeur commerciale. On a pu constater que lorsque les otaries du Pacifique ont été presque anéanties par les chasseurs de fourrures au XIXe siècle, les laminaires ont également décliné. La faute en est aux oursins, qui broutent les algues, et qui sont une des nourritures favorites des otaries.

Sans otaries pour manger les oursins, tout le champ d'algues peut disparaître. Les otaries de Californie sont protégées depuis les années 1930 et les laminaires se sont rétablies en même temps qu'elles.

Ci-dessus, à droite : Les otaries plongent jusqu'à des profondeurs de 40 mètres en quête d'ormeaux et d'autre nourriture. De retour à la surface, elles se servent de leur poitrine comme table et utilisent des pierres pour ouvrir les coquillages.
À droite : Des otaries de Californie sont capturées et amenées dans des sites où elles étaient nombreuses il y a 200 ans, pour établir de nouvelles colonies.

Algue brune géante : 50 m

Une laminaire commune en Europe (*Laminaria digitata*) : 1 à 3 m

Même scène, acteurs différents

L'histoire des laminaires géantes et des otaries de Californie se répète partout dans le monde. Les laminaires et les animaux sont différents, mais les rôles qu'ils jouent sont similaires. En Alaska, à la limite nord du territoire des otaries, les champs de laminaires ne poussent que là où les otaries peuvent plonger. Partout ailleurs, les oursins de mer broutent les algues jusqu'à leur disparition.

En Nouvelle-Écosse, la pêche excessive des homards, prédateurs des oursins de mer, fut la cause d'une prolifération des oursins qui dégagea 15 km de côtes sans algues. Les oursins d'Afrique du Sud sont tenus en respect par les homards, les poulpes, les aiguillots, les phoques.

Toutes sortes de laminaires
Il existe des laminaires de différentes formes et tailles. La laminaire géante de Californie est la plus grande : 50 m de long et plus.

Palmier de mer : 10 à 30 cm

RÉAGISSONS !

Les otaries de mer se trouvent au nord de l'océan Pacifique mais, bien qu'elles soient loin, vous pouvez aider à préserver ces créatures fascinantes.

- **Écrivez à une ou plusieurs compagnies pétrolières et demandez-leur ce qu'elles font pour prévenir la pollution !**
C'est la fourrure des otaries qui leur tient chaud. Elles meurent de froid si leur fourrure est couverte de pétrole.

- **Rejoignez une association internationale qui inclut dans ses objectifs la préservation des otaries et des lions de mer !**

Les arbres « échassiers »

De nombreuses côtes tropicales et subtropicales sont bordées de forêts qui poussent juste au niveau de la mer, de telle sorte que les racines et les branches inférieures de leurs arbres sont submergées à marée haute. Ces arbres « échassiers » sont des palétuviers, et les forêts de palétuviers s'appellent des mangroves. Elles s'étendent sur la mer et la terre et sont le support d'une riche variété d'espèces vivantes des deux milieux : les poissons nagent autour de leurs racines, les singes vivent dans leurs branches et les chauves-souris pollénisent leurs fleurs.

Les arbres des mangroves atteignent 30 mètres de haut et les forêts s'étendent sur des bandes allant jusqu'à 20 km de large. La présence de mangroves est vitale pour le maintien d'habitats essentiels au cycle de vie de nombreux animaux, qui y passent une partie de leur vie. Leur destruction aurait des effets incommensurables.

La vie dans les mangroves

Il existe environ 80 espèces d'arbres de mangrove qui sont des plantes terrestres adaptées à la vie dans la boue salée du bord de mer. Ces arbres, appelés palétuviers, filtrent l'eau de mer à travers leurs racines et en retiennent le sel, ou se débarrassent des excès de sel par les glandes à sel de leurs feuilles. Pour s'ancrer, ils possèdent plus de racines que de tronc et de branches. Ils absorbent de l'oxygène par des racines aériennes spécialisées. Le réseau formé par leur système de racines fixe la boue, les feuilles et d'autres débris. Les crabes, à marée basse, et les poissons, à marée haute, profitent de cette source de nourriture, tout en trouvant refuge parmi les racines.

Les palétuviers recyclent les éléments nutritifs de la boue. Ils les absorbent par les racines et les utilisent pour former des feuilles qui, en tombant, nourrissent les animaux et rendent ainsi ces éléments nutritifs à la boue.

Racines de palétuviers
Les palétuviers ont des racines qui s'étendent sur les côtés pour assurer leur position verticale en prenant appui sur la vase. Pour capter l'oxygène, ils ont des racines respiratoires exposées à l'air. Leurs systèmes de racines prennent ainsi différentes formes.

Les racines, en forme de crayons, poussent au-dessus de la boue au départ de racines qui supportent le tronc.

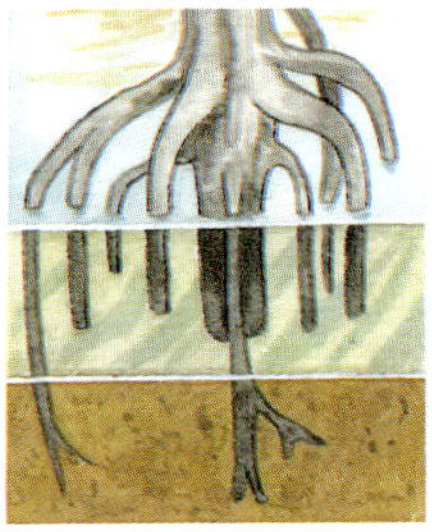

Les racines-échasses ressemblent à des arcs-boutants.

Les racines-genoux chevauchent la surface.

La vie dans une mangrove en Floride

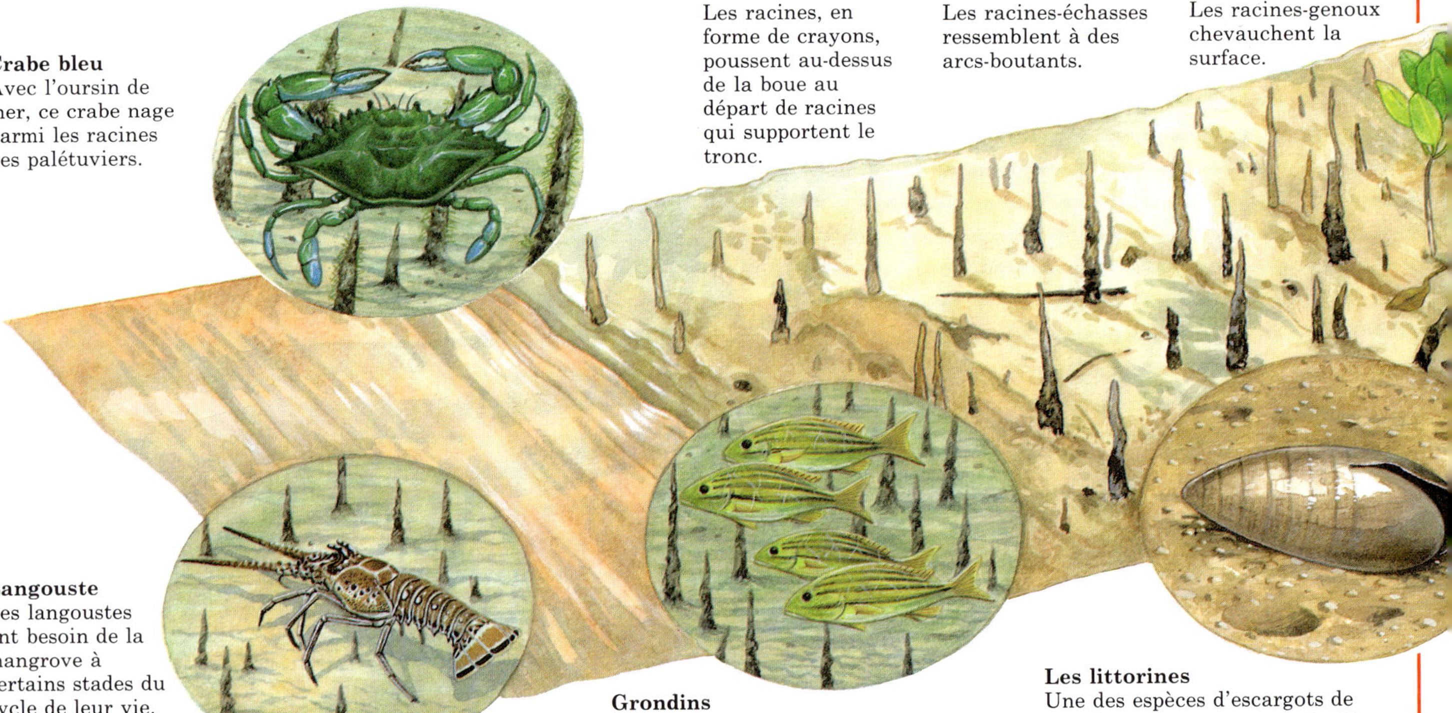

Crabe bleu
Avec l'oursin de mer, ce crabe nage parmi les racines des palétuviers.

Langouste
Les langoustes ont besoin de la mangrove à certains stades du cycle de leur vie. Pour la langouste, les racines de la mangrove sont un lieu de rassemblement avant la ponte.

Grondins
Les grondins et d'autres poissons se nourrissent des petits alevins qui utilisent la mangrove comme nurserie.

Les littorines
Une des espèces d'escargots de mer qui se nourrissent de feuilles mortes et de bois mort de mangrove, et qui sont elles-mêmes avalées par d'autres animaux.

Héron tricolore
Ce héron se nourrit dans la mangrove et niche dans les branches supérieures des arbres. En Asie et en Afrique, des singes vivent aussi à cet étage de la forêt.

Coucou de mangrove
Cet oiseau ne vit que dans les mangroves, se nourrissant de multitudes d'insectes de la forêt.

Crabe des palétuviers
De nombreux crabes vivent presque essentiellement dans les arbres. Celui-ci grimpe sur les branches et se jette dans l'eau en cas de danger.

Tortue américaine
Elle se nourrit de vers et de mollusques.

Crabe violoniste
Ce crabe est commun dans toutes les mangroves. La grande pince claire et brillante du mâle attire les femelles et signifie aux autres mâles de s'éloigner.

Les mangroves sont saccagées

Les mangroves sont vitales pour de nombreuses populations de poissons, qui constituent une source d'alimentation appréciable pour les hommes. Elles protègent également les côtes des tempêtes et procurent une foule de produits utiles, depuis des médicaments jusqu'à la nourriture pour animaux.

Malgré cela, les mangroves sont considérées comme inutiles. Elles sont partout détruites pour libérer l'espace afin de construire des maisons, des fermes, des usines, réclamées par les populations côtières pour assurer leur développement économique. Mais les mangroves ont bien plus de valeur que ces nouveaux développements. C'est ce que certains pays ont découvert lorsqu'ils ont dû construire des protections côtières coûteuses à la place de la forêt protectrice.

Les scientifiques démontrent que les mangroves peuvent produire plus de poissons, de crabes, de crevettes, de fruits, de légumes et de bois pendant de nombreuses années que les fermes aquatiques et les champs de riz qui les remplacent.

Cette forêt de mangrove colombienne a été rasée pour construire une nouvelle route. C'est une des nombreuses mangroves détruites dans le monde.

RÉAGISSONS !

Partout, les mangroves sont affectées à divers usages :

- **des zones d'élevage pour poissons, crevettes et crabes aux Philippines, en Équateur et à Singapour ;**
- **des rizières en Inde et au Bangladesh ;**
- **des maisons et des villages de vacances en Australie, Nouvelle-Zélande, et en Floride aux États-Unis ;**
- **l'exploitation forestière dans toute l'Asie du Sud-Est, pour fournir les industries de pâte à papier et d'aggloméré.**

Que pouvez-vous faire ?

- **Passez le mot ! Clamez l'importance des mangroves pour la vie sauvage, la pêche et la protection des côtes !**
- **Écrivez aux responsables concernés de votre gouvernement ; demandez-leur d'agir pour préserver les mangroves !**

Prairies marines

Dans toutes les eaux côtières peu profondes, excepté dans les rudes mers polaires, ondulent dans le courant des champs de tiges vertes et minces. Ce sont des herbes marines, de vraies plantes terrestres adaptées à la vie dans l'océan. Leurs feuilles aplaties sont larges de 1 cm et assez grandes pour ralentir les courants d'eau de telle sorte que les trames qu'elles forment deviennent des pièges à sable et à limon.

Ces prairies d'herbes marines sont très productives et donnent de la nourriture et du fourrage à beaucoup d'animaux. Les plus riches se trouvent sous les tropiques. Dans l'océan Indien, elles nourrissent l'un des mammifères les plus menacés : le dugong.

Brouteurs dans la prairie

Les dugongs sont connus aussi sous le nom de vaches de mer. En réalité, ils ressemblent plus à des cochons d'eau : comme les cochons, ils creusent avec leur groin dans la boue et le sable pour se nourrir des racines riches en fécule des herbes marines. Ce sont les seuls vrais mammifères marins herbivores. On les trouve le long des côtes de l'océan Indien et à l'ouest du Pacifique, dans les baies peu profondes où abondent les herbes marines.

Dans de nombreux endroits, leur nombre diminue, surtout parce qu'ils sont chassés pour leur viande. Ils ont bon goût et pèsent à l'âge adulte de 300 à 400 kg. De plus, leur préférence pour les eaux côtières les met en contact avec les activités humaines ; ils souffrent des pollutions industrielles, sont dérangés par les bateaux, et restent coincés dans les filets de pêche.

Ci-dessus, à droite : Les dugongs ont toujours été chassés pour leur viande, leur peau et leur graisse. Actuellement, les bateaux à moteur et les fusils ont remplacé les méthodes de chasse traditionnelles.

La vie dans les herbiers

Les herbiers sont des habitats importants partout dans le monde. Plus de 113 espèces d'algues, de crevettes, de mollusques et de petits calmars y ont élu domicile. Ils servent d'abri pour les jeunes crevettes et poissons. Sous les tropiques, ces derniers constituent la nourriture de nombreux poissons originaires des récifs de coraux.

L'herbe morte ou en putréfaction est l'aliment de nombreuses espèces, les dugongs et les rares tortues grises étant les seuls à consommer l'herbe fraîche.

À droite : Les tortues grises sont une espèce en danger. Les œufs sont vendus comme aliments, les adultes sont tués pour leur viande, pour leur carapace, et leur peau est tannée en cuir.
À l'extrême droite : Les pâturages marins recèlent une grande variété d'espèces, comme cette seiche du golfe Persique.

et vaches de mer

Grandissant vite, elles respirent vite

Les herbes marines couvrent de grandes surfaces par rejet de tiges, sous le sable et les sédiments. Mais elles fleurissent aussi et, telles de vraies plantes terrestres, peuvent donner des graines desquelles naissent de nouvelles herbes.

Toutes les plantes dégagent de l'oxygène lors de leur croissance et, les herbes marines grandissant rapidement, elles en produisent beaucoup : un mètre carré d'herbes marines tropicales peut produire deux fois plus d'oxygène que la même superficie de forêt !

Une herbe marine appelée zoostère pousse sur les côtes plus froides. À marée basse, elle est mangée par les oies bernaches.

RÉAGISSONS !

Le dugong du Pacifique et ses proches, les lamantins d'Afrique, d'Amazonie, d'Amérique du Nord, sont en voie d'extinction et menacés par la chasse, les hélices des bateaux et les filets de pêche.

- **Si vous allez en vacances dans ces régions, faites attention à votre bateau et votre équipement de pêche ! À titre d'exemple, ces matériels tuent chaque année plus de 100 lamantins en Floride.**
- **Rejoignez une association qui participe à la sauvegarde de ces derniers et uniques mammifères marins et végétariens !**

De vertes étendues

Toute la vie sur Terre dépend des plantes. Elles seules sont capables de capter l'énergie solaire pour fabriquer la matière végétale qui, à son tour, devient une nourriture pour les animaux.

Quoique obéissant au même principe, les végétaux de pleine mer sont très différents de ceux rencontrés sur terre ou des algues de la côte. On les appelle phytoplancton. Ce sont des végétaux unicellulaires d'un millimètre de diamètre. Ce plancton pousse mieux là où il trouve de la lumière et des éléments nutritifs, particulièrement de l'azote. À peine visible à l'œil nu, il flotte dans l'eau. Quand les sels minéraux sont abondants, il peut se multiplier très vite et produire une grande floraison, un « bloom », qui nourrit une foule d'autres animaux.

Les réseaux de la vie

Ces végétaux minuscules, le phytoplancton, ont leurs propres troupeaux de petits herbivores et carnivores, appelés zooplancton.

Ensemble, ils dérivent avec les courants marins. Le zooplancton est composé d'une multitude d'animaux, y compris les stades larvaires d'espèces beaucoup plus grandes, telles que les crabes et les poissons. Certains animaux se nourrissent de phytoplancton, d'autres de zooplancton. Les poissons et les calmars adultes se nourrissent aussi de zooplancton. À leur tour, ils servent d'aliment aux oiseaux et aux mammifères.

Quelques grandes espèces comme les requins baleines, les requins pèlerins et les raies mantas se nourrissent directement des planctons.

Dans les mers tempérées et polaires, le froid et le manque de lumière limitent la croissance du phytoplancton en hiver, et les animaux qui vivent de ce plancton doivent faire coïncider leur reproduction avec la manne saisonnière de l'été. Dans les eaux côtières tempérées, où les eaux chargées de sels minéraux remontent du fond des océans, se développent les espèces de phytoplancton à croissance rapide. Par contre, dans les eaux bleues, pauvres en azote, et où vivent les récifs de coraux, un minuscule phytoplancton extrait l'azote dissous dans l'eau. Il représente ainsi le premier chaînon du réseau qui assure la survie de l'oasis.

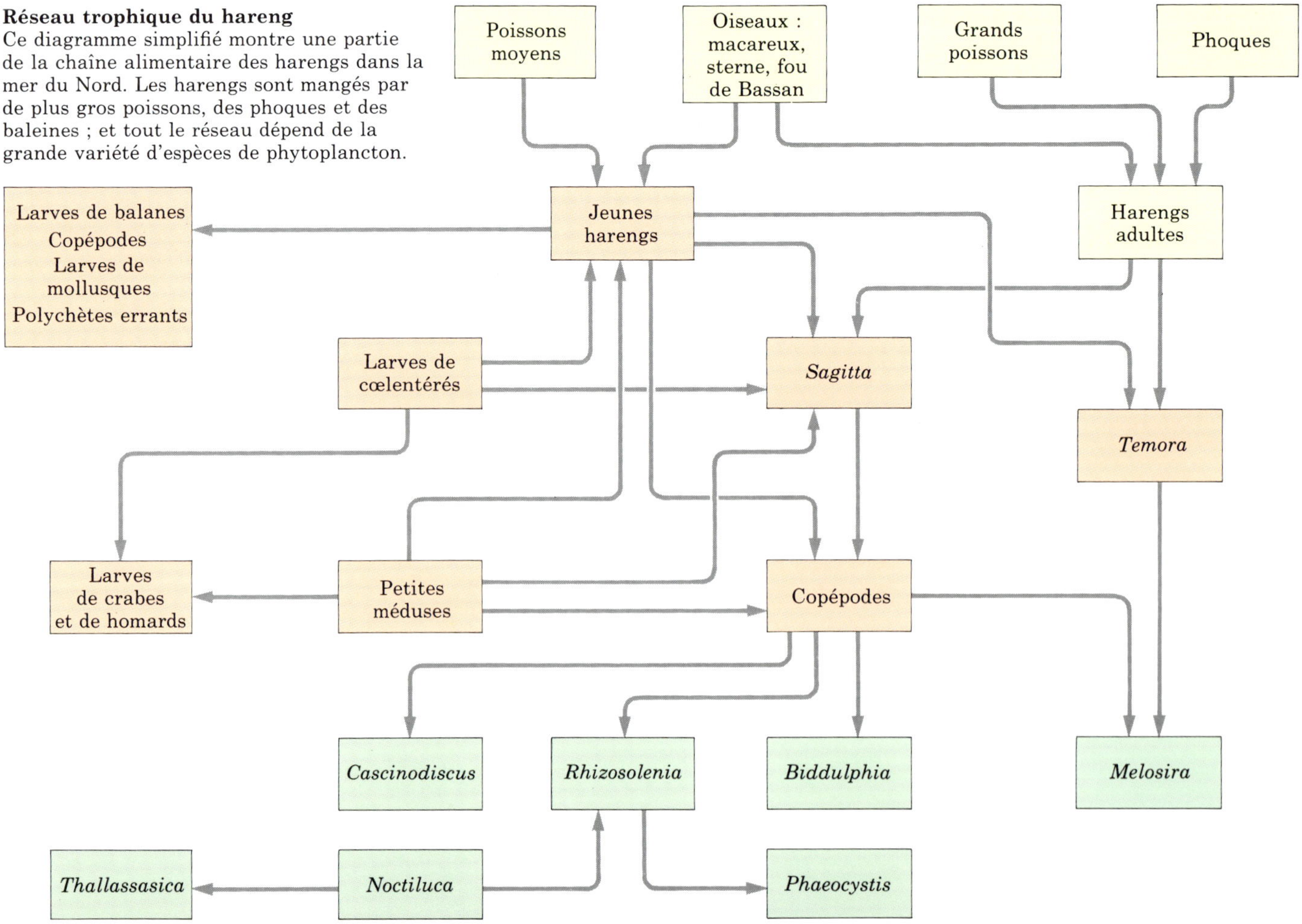

Réseau trophique du hareng
Ce diagramme simplifié montre une partie de la chaîne alimentaire des harengs dans la mer du Nord. Les harengs sont mangés par de plus gros poissons, des phoques et des baleines ; et tout le réseau dépend de la grande variété d'espèces de phytoplancton.

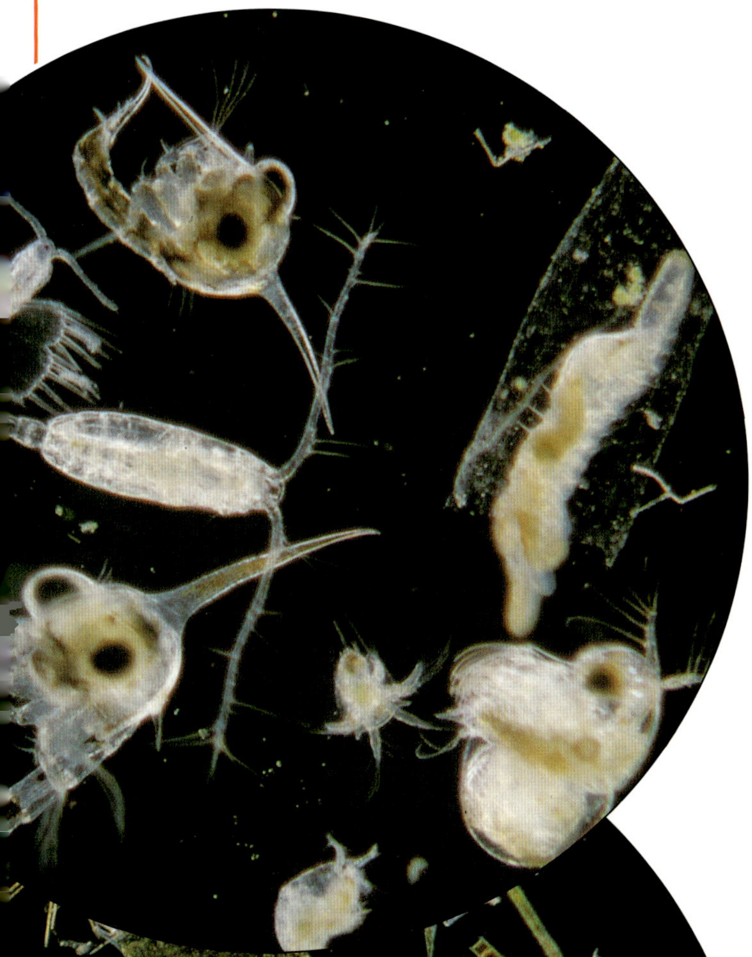

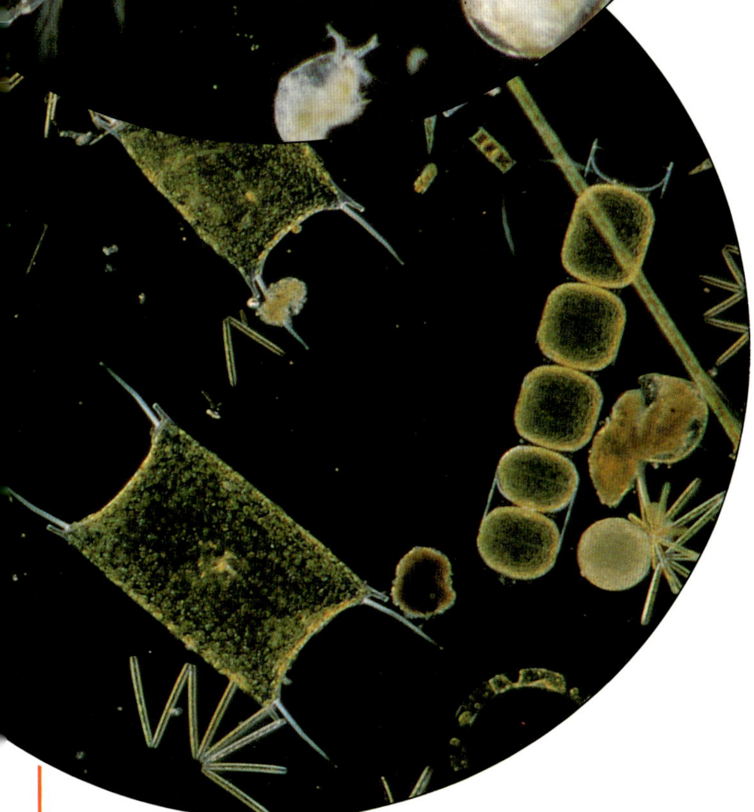

En haut : Ces minuscules animaux (ici agrandis) se nourrissent de plancton végétal et se dévorent les uns les autres. Beaucoup sont des larves d'espèces côtières, comme les crabes et les balanes. *Ci-dessus :* Le plancton végétal doit rester dans la partie supérieure des eaux, car c'est elle qui est éclairée. De petite taille, il est donc adapté pour flotter entre les eaux et résister aux pressions.

Les algues rouges de la mort

Les eaux d'égouts et les engrais azotés drainés vers la mer peuvent fournir au phytoplancton un tel apport nutritif que ses populations explosent. La décomposition de la matière organique engendrée par ce « bloom » entraîne une demande biologique en oxygène telle que tous les autres organismes vivants meurent asphyxiés. Plus mortelles encore, certaines espèces de planctons sont empoisonnées et leurs « blooms » de couleur rougeâtre font des ravages. Ces « marées rouges » semblent plus fréquentes dans les mers récemment polluées.

Les « floraisons » de plancton peuvent être mortelles ; elles accaparent l'oxygène de l'eau et étouffent les autres organismes ou produisent des toxines qui empoisonnent la vie marine.

RÉAGISSONS !

Le phytoplancton, par la masse énorme de végétal qu'il représente, est le régulateur principal de l'oxygène de notre planète. Toute variation de température au niveau du globe (même de 1 °C) entraînerait une modification des courants et de la croissance du phytoplancton et, par conséquent, de toute vie marine.
Ce qu'il faut, c'est réduire l'effet de serre.

Pour cela vous pouvez :

- **économiser l'énergie, l'essence, le fuel et les combustibles fossiles, sources de l'effet de serre ;**
- **pour les mêmes raisons, éteindre les lumières lorsque vous n'en avez pas besoin ;**
- **marcher ou rouler à bicyclette au lieu de prendre la voiture ;**
- **mais aussi consommer des produits de l'agriculture biologique, cultivés sans engrais chimiques.**

La mer fermée

La Méditerranée est une mer fermée. Sa seule connexion avec les autres océans du monde est le détroit de Gibraltar entre l'Europe et l'Afrique, où lui parvient de l'eau froide de l'Atlantique. Néanmoins, les effets de ces eaux froides sur la Méditerranée chaude sont très limités : le détroit est étroit – juste 18 km de large – et les eaux de la Méditerranée sont contenues dans une dépression géante, en forme de bassin.

Cet isolement, combiné à la chaleur de ses eaux, a donné à la Méditerranée une vie marine riche et variée. Mais cela lui vaut également des problèmes. En effet, 20 pays différents y pêchent, polluent ses eaux et construisent sur ses côtes.

La mer poubelle

Quoique les peuples de la Méditerranée aient depuis des siècles trouvé dans ses eaux une source de nourriture et rejeté leurs déchets, ils n'ont que très peu affecté la vie marine. Tout cela a changé au milieu du XXe siècle, quand la population côtière prit de l'essor et que le tourisme devint une bonne affaire.

Actuellement, plus de 100 millions de personnes vivent près des rivages, qui sont visités par près de 100 millions de personnes supplémentaires chaque été ; 85 % de leurs déchets domestiques, y compris les matières organiques, vont directement à la mer.

La pollution industrielle des usines et plus de 2 millions de tonnes de pétrole brut répandu par les pétroliers s'ajoutent à ce mélange empoisonné, ainsi que des métaux lourds, des pesticides et d'autres produits chimiques.

La pollution, combinée à la pêche excessive due à l'usage de filets à mailles étroites et même au dynamitage des bancs de poissons, a fait de certains endroits de la Méditerranée des déserts marins.

Des études ont prédit que la population côtière atteindra 230 millions en l'an 2030. Les problèmes à affronter ne pourront qu'aller en s'empirant, à moins que des mesures radicales ne soient prises.

Le déclin d'un moine rare

Le phoque moine de Méditerranée est un des animaux les plus rares au monde : il n'en reste plus que de 500 à 1 000. Chassé jusqu'à une quasi-extinction au siècle dernier, le tourisme et l'industrie de la pêche sont à l'origine d'un second déclin.

De nombreux phoques se noient dans les filets de pêche et d'autres sont froidement abattus par des pêcheurs qui les considèrent comme des concurrents pour leur subsistance. Mais, en dépit de cela, le plus grave problème pour ce phoque est celui du nombre incroyable de touristes et d'hôtels qui couvrent les côtes. Les plages où ils se reproduisaient sont maintenant bondées, et très peu de jeunes phoques ont été observés au cours des dernières années.

À droite : Une des trois espèces de phoques moines est déjà éteinte. Des deux restantes, celle de la Méditerranée est la plus menacée.

À gauche : Voici à quoi la Méditerranée devrait ressembler : de l'eau claire foisonnant de vie.
Ci-dessus : Voici à quoi elle ressemble en grande partie : une mer morte, tuée par la pollution et la pêche excessive.

Concurrence chez les goélands

Le goéland d'Audouin, qui ne vit qu'en Méditerranée, a été à la fois exploité par l'homme et concurrencé par d'autres espèces d'oiseaux. En effet, les habitants de ces régions avaient coutume de ramasser ses œufs pour en faire des gâteaux et des pâtisseries. On a donc protégé les sites de reproduction. Mais voici que les goélands argentés les empêchent à présent de se reproduire, en mangeant les œufs et les poussins.

Ces agressions sont dues au développement anormal des populations de goélands argentés qui se nourrissent de détritus, ce que dédaignent leurs rivaux. De plus, le goéland d'Audouin a comme menu préféré les poissons, qui sont eux-mêmes en voie de diminution.

Le goéland d'Audouin est une des deux espèces de goéland classées « en danger d'extinction ».

RÉAGISSONS !

L'état alarmant de certaines parties de la Méditerranée est tel que la population et les gouvernements ont commencé à prendre des mesures, y compris la signature de la charte de Nicosie en 1990, qui fait un certain nombre de propositions :

- **Installation de stations d'épuration des eaux dans toutes les grandes villes.**
- **Prévention de la pollution par le pétrole, due aux pétroliers.**
- **Protection des habitats marins et côtiers, et des espèces rares.**
- **Vous aussi pouvez aider : si vous vivez près de la Méditerranée, renseignez-vous sur ce que votre gouvernement fait pour mettre en application la charte de Nicosie.**
- **Rappelez-vous que les peuples méditerranéens ont besoin de mer et de côte sans pollution, autant que les animaux, afin de permettre aux industries de la pêche et du tourisme d'exercer leurs activités.**

Les oasis de coraux

Les récifs coralliens constituent les plus riches et les plus anciens habitats de la planète, foyers, sans doute, de millions de différentes espèces de poissons, d'invertébrés et de plantes. Les milliers de kilomètres de récifs coralliens existant dans le monde sont formés par les squelettes calcifiés de colonies d'animaux minuscules, appelés polypes madréporaires, qui ont une structure anatomique proche de celle des anémones de mer. Les colonies de madréporaires, improprement appelées « coraux », servent d'habitat à une foule d'autres plantes et animaux qui, tous ensemble, forment le récif.

Les habitants d'un récif de corail

Les coraux à squelettes calcaires formant les récifs ont peuplé la mer tropicale, à faible profondeur, depuis 45 millions d'années ou plus, tandis que les récifs de coraux que nous voyons aujourd'hui ailleurs dans le monde ont commencé leur développement depuis environ 10 000 ans. Cette longue période d'évolution a donné aux coraux ainsi qu'à toutes les plantes et à tous les animaux qui peuplent les récifs le temps de faire naître une étonnante diversité de formes, de couleurs et de modes de vie.

Par exemple, une seule colonie de corail peut constituer le foyer de 16 espèces différentes de poissons et de crustacés, comme les crabes, les crevettes et abriter jusqu'à 103 espèces différentes de vers. Les tempêtes aident à maintenir la variété : en détruisant les récifs frangeants, elles libèrent de la place pour de nouveaux colons.

À droite : Chaque forme de corail calcaire occupe une place différente dans le récif. Les formes arborescentes vivent dans les eaux peu profondes, les méandrines dans les eaux plus profondes. Les coraux mous n'ont pas de squelette calcaire. Des algues rouge vif se développent dans les vagues les plus rudes et protègent le récif.

Ci-dessus : Ce poisson-clown est immunisé contre les tentacules piquantes de cette anémone, qui lui sert de gîte. Dans une anémone, une seule grande femelle de ce poisson domine les mâles, mais, si elle meurt, le plus grand mâle se transforme en femelle et la remplace.
À gauche : Les gorgones sont également des coraux, mais leurs squelettes sont en corne et non en calcaire. Elles croissent dans les parties les plus profondes du récif.
À droite : Ce nudibranche de la Grande Barrière de corail d'Australie se nourrit d'algues. Ses couleurs vives avertissent ses prédateurs qu'il est empoisonné.

Des coraux dépendants

Avec le développement des colonies de polypiers, la base calcaire du récif est assurée. Mais la croissance de la communauté est permanente, et celle des besoins en énergie aussi. Les polypes assurent la base de leurs besoins énergétiques en filtrant la nourriture de l'eau au moyen de leurs tentacules. L'énergie supplémentaire pour élaborer leurs squelettes calcifiés provient d'algues minuscules qui se trouvent dans leurs corps.

Les récifs de coraux ne peuvent vivre que dans l'eau claire, à moins de 30 mètres de profondeur et à une température minimum de 20 °C.

Cette vue rapprochée d'un polypier montre les minuscules algues à l'intérieur du tissu.

RÉAGISSONS !

La croissance annuelle des coraux calcaires formant les récifs n'est que de quelques centimètres ou même millimètres par an : de simples branches de certaines colonies peuvent prendre plusieurs siècles pour se former. Vous voyez l'importance de leur protection dès maintenant :

- **Informez autour de vous : les gens savent que les forêts tropicales humides sont importantes et menacées, mais ils ne savent rien des récifs de coraux.**
- **Si vous visitez un récif, ne faites qu'observer, ne touchez pas aux coraux, ne les brisez pas et n'emportez rien avec vous !**

Les bandits des récifs

Les tempêtes et les ouragans accroissent la diversité des récifs de coraux en créant de nouveaux habitats, mais les interventions de l'homme détruisent l'environnement stable dont ils dépendent. On dépose de la vase dans ce qui était auparavant de l'eau claire. On casse les coraux pour construire des remblais. Ce sont donc de multiples facteurs d'origine humaine qui engendrent la mort lente des récifs coralliens. Les pollutions d'égouts, par excès d'apports nutritifs, induisent des déséquilibres qui font proliférer les algues et étouffent les coraux.

Bijoux captifs

Les animaux des récifs ont des couleurs extraordinaires. Aussi, les aquariophiles amateurs les recherchent-ils comme de véritables bijoux vivants. Plus de 2 millions de poissons de coraux sont importés aux États-Unis chaque année des Philippines, et des milliers d'autres sont prélevés partout dans le monde. Comme ces captures se font souvent au cyanure, les pertes sont énormes, et même les poissons mieux piégés meurent à 60 % dans les six premiers mois de leur captivité.

Ci-dessus : Beaucoup d'espèces de poissons de coraux capturés pour les aquariums ne peuvent s'alimenter que sur le corail vivant ; aussi meurent-ils en captivité.
À droite : Un pomacanthus dans son habitat.

Une peste d'épines

Depuis les années 1960, la Grande Barrière de corail d'Australie et d'autres récifs autour du Pacifique sont menacés par l'explosion de populations d'étoiles de mer épineuses, mangeuses de corail. D'un diamètre pouvant atteindre 45 cm, un simple astéride épineux peut manger un morceau de corail de la moitié de sa taille en une nuit. Il digère les polypes en retournant l'intérieur de son estomac, abandonnant un squelette blanc et mort. Une colonie de coraux peut ainsi être détruite en quelques nuits.

Parmi les causes d'une telle invasion figurent la pêche excessive des prédateurs naturels de ces astérides, comme les porcelaines par exemple, et la pêche de poissons de coraux qui mangent leurs larves.

Les scientifiques ignorent l'origine des invasions d'astérides épineux, et pourquoi ils infestent par vagues les récifs de coraux du Pacifique.

Dragage et minage

Dans de nombreux pays pauvres, le calcaire du récif est le moins cher des matériaux de construction. D'énormes espaces de récif ont été minés et ne s'en rétablissent que peu, même après vingt ans. Le rocher de corail est souvent utilisé pour construire des digues de protection des côtes, alors que la meilleure protection est le récif lui-même !

Les vases sont aussi à l'origine de la destruction des coraux. Elles assombrissent l'eau et étouffent les coraux en les privant de lumière. Ce sont les activités humaines qui produisent ces vases : le sol des forêts coupées à blanc s'érode et s'évacue dans les rivières puis dans la mer. Le transport des arbres nécessite la construction de nouvelles routes, et leur exportation oblige à créer des ports en draguant le sable et les vases pour ouvrir des chenaux.

Des récifs sont souvent détruits et utilisés comme matériaux, et le développement côtier crée des vases qui étouffent le corail.

Les décorations en corail

Une collection de jolis coquillages tropicaux sur une étagère, une branche de corail âgée de plusieurs siècles dans une vitrine, une coquille perlée comme porte-savon dans la salle de bains. Voilà des restes morts d'animaux prélevés par milliers sur les récifs de coraux et mis en vente comme objets de décoration. Même si le commerce de beaucoup de ces objets est illégal, on en trouve toujours dans les boutiques pour touristes.

Les plongeurs ramassent des animaux vivants qui sont tués pour fournir les coquillages morts et secs vendus partout dans le monde.

RÉAGISSONS !

Que peut-on faire pour aider à sauver les récifs de coraux ?

- **Créer des parcs marins avec des espaces que le public peut visiter, ainsi que des réserves d'accès interdit.**
- **Réglementer le commerce des coraux, morts ou vivants, et des poissons coralliens. Encourager l'élevage en captivité des animaux des récifs, afin qu'ils ne soient pas prélevés de leur milieu naturel.**

Ce que vous pouvez faire :

- **N'achetez jamais de coraux morts ou de coquillages tropicaux, et demandez à vos amis d'en faire autant !**
- **Comme le commandant Cousteau, ayez le courage de refuser les « tableaux vivants » de certains aquariums ! Préférez les reconstitutions artificielles ou mieux, la visite en plongée d'un parc marin !**

Iles au trésor

Les îles sont dispersées dans tous les océans du monde. Elles peuvent avoir la forme de très grosses masses de terre qui se sont détachées d'un continent, ou de petits atolls coralliens, ou d'anciens volcans. Mais elles ont toutes un trait en commun : l'isolement. Les espèces vivant sur les îles sont isolées de leurs concurrents et des prédateurs du continent et ont évolué, et évoluent encore, selon des lignées uniques. Cela donne des animaux et des plantes qu'on ne trouve nulle part ailleurs sur terre, espèces appelées endémiques.

Animaux et plantes des îles

Cassure dans le paradis

Les écosystèmes insulaires sont très fragiles. Tout changement des conditions particulières selon lesquelles la vie des îles évolue, comme l'introduction d'espèces, peut causer un désastre dans l'équilibre délicat de la vie insulaire.

L'île Maurice et sa collection d'îlots voisins dans l'océan Indien furent jadis le foyer de nombreuses plantes et animaux endémiques. Cependant les chèvres et les lapins introduits par l'homme ont brouté les plantes qui offraient nourriture et abris à ces animaux. De plus, reptiles et oiseaux ont été les victimes des rats. Beaucoup d'espèces ont ainsi disparu, et seules quelques-unes survivent sur la minuscule île Ronde, fort heureusement épargnée par les rats.

Scinque de Bojer
Jadis répandu dans le groupe des îles Maurice, il ne survit que sur l'île Ronde, où il n'y a pas de rats, et sur des îlots où il peut fuir les rats dans des trous étroits.

Ile Ronde

Gecko de Gunther
Il s'agit d'une espèce également disparue des îles envahies par les rats. Moins de 200 survivent sur l'île sans rats qu'est l'île Ronde. Ils vivent sur des palmiers lantaniers. Comme ces palmiers se raréfient, les geckos aussi sont en déclin.

Boa à écailles noires
Ces serpents furent exterminés dans l'île Maurice et les îles voisines par les rats. De 500 à 1 000 individus survivent sur l'île Ronde où ils ne sont pas la proie des rats. Un autre serpent, le boa de l'île Ronde, n'eut pas autant de chance. Privé de la protection de la végétation touffue broutée par les chèvres et les lapins, il a été la proie facile des rats. Même sur l'île Ronde, on ne l'a plus vu depuis 1975.

Les îles de l'évolution

Les îles Galapagos, à 800 km à l'ouest de l'Équateur dans l'océan Pacifique, n'ont jamais fait partie d'un continent. Ce sont des volcans qui les ont créées durant les derniers millions d'années : une période courte en termes d'évolution. Malgré cela, les quelques animaux et plantes qui essaimèrent à l'origine sur les Galapagos, amenés par les courants marins ou par les vents, ont évolué en de nombreuses espèces différentes que l'on trouve uniquement dans ces îles. Ce fut cette spécificité qui frappa le jeune Charles Darwin lors de sa visite des îles et qui l'aida à formuler sa théorie de l'évolution.

Hélas, l'histoire naturelle biologiquement importante des Galapagos est menacée. De plus en plus nombreux (44 000 en 1989), les touristes causent pollutions, déchets et érosions. Sans compter les rats, les chats et les chiens qui les accompagnent. Des tortues, des otaries et des requins sont tués par des filets, illégalement posés pour attraper de petits poissons.

Les survivants de l'île Ronde
Ces palmiers ont disparu de certaines îles et sont menacés sur l'île Ronde, du fait de l'abattage du bois et de la présence de chèvres et de lapins. L'absence de couverture végétale, due au broutage excessif, a entraîné une érosion des sols qui empêche la croissance des jeunes palmiers. Un seul palmier-tempête était encore debout en 1982 !

Les tortues géantes qui se trouvent uniquement aux Galapagos vivent, en différentes variétés, sur chacune des 13 îles principales. Au XIXe siècle, les marins les tuaient pour leur viande, puis les chèvres introduites ont détruit leurs habitats et les rats ont dévoré leurs petits. Aujourd'hui, la loi les protège et elles sont élevées en captivité dans les îles.

RÉAGISSONS !

Des espèces insulaires disparaissent encore avant que les scientifiques n'aient pu mieux les connaître.

- **Si vous visitez une île, respectez sa vie naturelle : une grande partie des espèces en danger dans le monde ne vivent que dans les îles !**
- **Veillez à ce que vos animaux domestiques ne s'échappent pas si vous visitez l'île avec eux ! Ils peuvent causer des dommages à la vie sauvage locale.**
- **Affiliez-vous à une organisation comme le World Wild Fund for Nature (WWFN), qui fait campagne pour la préservation des espèces insulaires du monde !**

Les vagabonds de l'océan

Nager permet de voyager à bon marché. Les animaux nageurs utilisent moins d'énergie sur la distance parcourue que ceux qui volent ou qui courent. En utilisant les courants marins, les animaux diminuent encore le coût du voyage. Ainsi peuvent-ils entreprendre de longs périples à travers les océans en utilisant les ressources trouvées à diverses étapes, choisies en fonction des périodes de leur cycle de vie.

Il y a pourtant un désavantage à toutes les pérégrinations océanes : presque à chaque étape du voyage, de nouveaux prédateurs les attendent.

Nager pour survivre

Sept espèces de saumons déposent leurs œufs dans le lit des torrents et des rivières de la côte nord du Pacifique.

Les jeunes alevins trouvent en rivière une relative protection, mais seule la mer peut apporter la profusion de nourriture nécessaire à leur croissance. Aussi quittent-ils la rivière pour parcourir le Pacifique, ne retournant aux rivières où ils sont nés que pour frayer et mourir.

Le nombre de poissons concernés est impressionnant et ils constituent une pierre angulaire de l'écologie du Pacifique, en mer et sur la côte, mangeant d'autres prédateurs et étant mangés à leur tour. Mais leur nombre pourrait diminuer avec la pression des activités humaines sur la mer, sur les côtes et les rivières, à chaque étape du cycle de leur vie.

Trois saumons du Pacifique

Chinook : 90 cm

Coho : 60 cm

Pink : 50 cm

Cycle de vie du saumon du Pacifique

8. De retour pour frayer
Les saumons adultes retournent à la rivière de naissance et remontent le courant. Ils constituent de la nourriture pour les ours, les goélands, d'autres animaux. Beaucoup sont capturés par les hommes près des côtes.

7. En mer
Les poissons circulent, mangent et grandissent, pendant 18 mois ou plus, selon les espèces. Ils sont la proie des phoques, des lions de mer, des dauphins, des orques et sont pris au filet dans le centre du Pacifique.

6. Barrages et destruction des rivières
Les hommes ont besoin d'eau pour l'irrigation et les centrales hydroélectriques. Les barrages bloquent la migration des saumons et certaines rivières n'ont plus assez d'eau pour permettre aux saumons de frayer. En France, les gravières et les microcentrales électriques sont à l'origine de la disparition presque totale du saumon migrateur.

1. Frayer et mourir
Le saumon mâle et la femelle fraient dans un creux de graviers de la rivière, puis, leur tâche accomplie, meurent d'épuisement.

2. Œufs et alevins
Les œufs éclosent au bout de 50 à 100 jours, et donnent de petits alevins. Beaucoup sont mangés par les nombreux prédateurs naturels.

3. Transformations
Le temps passé en rivière varie selon les espèces (de deux à six ans). Quand le jeune descend vers la mer, il arbore alors une nouvelle livrée argentée.

4. Abattage des arbres
La déforestation le long des rivières de frai réduit l'ombrage, de sorte que l'eau devient trop chaude pour que le saumon puisse frayer. Elle accroît l'érosion des sols, avec, comme résultats, des boues libérées dans l'eau et qui étouffent les œufs et les alevins.

5. Les fermes à saumon
Le saumon peut être élevé dans des parcs en rivière ou en mer. En Norvège, les fjords sont très purs et permettent cet élevage.

Des voyageurs en miniature

Beaucoup d'animaux marins sont attachés en permanence aux rochers, aux algues ou dans le sable, et ne peuvent pas se déplacer. Afin de combattre ce handicap, beaucoup d'entre eux produisent de minuscules larves qui nagent librement et peuvent dériver dans le plancton pendant des semaines, en voyageant sur des milliers de kilomètres avant de s'établir.

Si une pollution s'abat sur un rivage marin, ces larves peuvent s'échapper et recoloniser d'autres endroits. Mais les larves sont les formes de vie marine les plus sensibles aux pollutions chimiques.

En haut : Certaines larves de langoustes qui fraient à l'ouest de l'Australie dérivent par les courants océaniques jusqu'à la côte est de l'Afrique, où elles s'installent pour leur vie adulte *(ci-dessus).*

RÉAGISSONS !

Les voyages peuvent être dangereux pour les vagabonds de l'océan.

- **Enquêtez si tous les barrages proches de chez vous sont équipés d'échelles à poissons efficaces !**
- **Participez aux pétitions et campagnes en faveur de la protection des fleuves et rivières encore sauvages : protestez contre leurs aménagements inutiles !**
- **Apprenez à repeupler les rivières et à les entretenir en participant à des stages de repeuplement !**
- **N'achetez pas les poissons ou crustacés qui n'ont pas atteint la taille adulte !**

La pêche aux ennuis

Chaque année, 60 millions de tonnes de poissons sont prélevés des océans du monde par diverses méthodes de pêche. Pêcher est une activité très différente de l'agriculture ou de l'élevage, parce qu'il s'agit d'une forme de chasse et que le poisson que nous capturons et que nous mangeons est un animal sauvage. Nous pouvons compter les champs de blé ou les troupeaux de vaches, et agir sur leur environnement pour produire plus ou moins de grain ou viande. Mais nous ne savons pas exactement quels sont les facteurs qui régulent les populations de poissons sauvages, ni même combien ils sont. Pourtant, on essaye d'effectuer des prises toujours plus importantes sans avoir compris en quoi cela peut affecter les populations de poissons et le réseau trophique qui dépend d'eux.

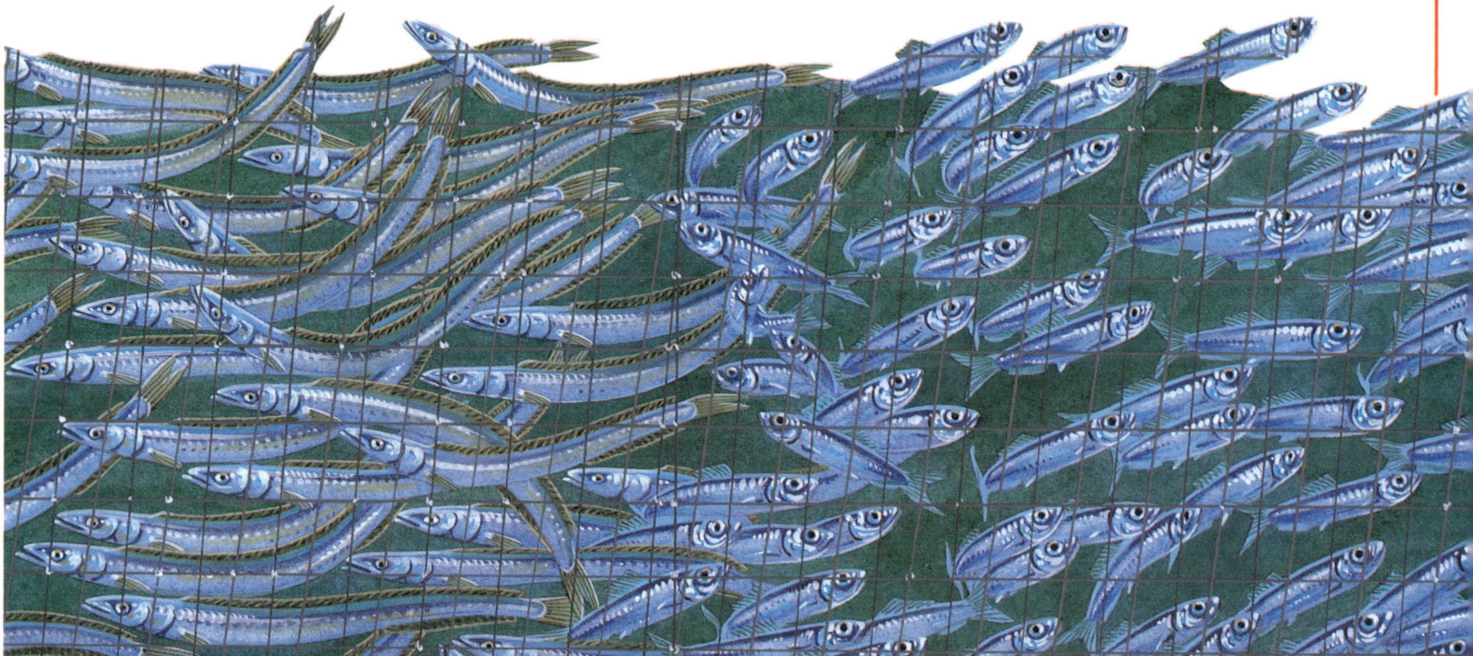

Macareux et lançons
Dans les îles Shetland, des colonies de macareux ont arrêté de se reproduire, car leur aliment favori, le lançon, un petit poisson côtier des fonds sableux, avait disparu par suite de la pêche intensive.

Le courant de Humboldt, au large du Pérou, nourrissait une énorme quantité d'anchois jusque dans les années 1970. Quand des changements dans les courants océaniques ont provoqué leur diminution, l'industrie de la pêche s'est tournée vers d'autres prises : les dauphins Dusky – 10 000 par an.

La surpêche

Les hommes ont toujours pêché en mer. Pendant des milliers d'années, cela n'a pas eu d'effets sur les populations de poissons, parce que les méthodes de pêche étaient trop artisanales pour en attraper d'énormes quantités. Mais, au cours de ce dernier siècle, en particulier à partir des années 1950, les méthodes de pêche ont fait appel à des technologies avancées qui n'ont plus laissé aucune chance aux poissons. À présent, de grands chalutiers en quête de poissons peuvent atteindre les zones les plus reculées des mers. Certains filets immenses en fibres synthétiques qu'on fabrique actuellement peuvent s'étendre sur des kilomètres, couvrant d'énormes espaces marins.

Le sonar est aussi un outil moderne permettant de localiser exactement les bancs de poissons. Comme cette pêche de haute technicité est très coûteuse, elle exige des prises toujours plus importantes pour être rentable.

La plupart des zones de pêche du monde montrent des signes de surpêche : les prises diminuent en quantité, les poissons capturés sont de plus en plus jeunes. Les naissances ne peuvent plus remplacer les prises : il y a danger d'effondrement.

Baleines et capelans
Dans les eaux profondes au large de Terre-Neuve, au Canada, la surpêche a entraîné le déclin des stocks de capelan, un poisson apprécié des baleines à bosse. Celles-ci ont été les victimes indirectes de cette surpêche en venant s'empêtrer dans les filets et se noyer.

Phoques et cabillauds
En 1990, les pêcheurs déclarèrent que la raréfaction des cabillauds au large de la côte est du Canada était due aux phoques et non à la surpêche, et ils réclamèrent un abattage sélectif des phoques gris !

RÉAGISSONS !

Les biologistes essaient de définir des quotas maximaux de captures annuelles, mais ils rencontrent encore des problèmes.

- **Calculer ce maximum est difficile : un maximum appliqué une année peut causer un désastre l'année suivante.**
- **Fixer un maximum de prises et une taille de capture minimale peut aider les populations à se rétablir. Mais mettre en vigueur les règlements est difficile : la mer est grande et l'on ne peut surveiller tous les bateaux.**

Que pouvez-vous faire ?

- **Voyez si votre gouvernement applique une politique des pêches qui tient compte de la prévention des stocks de poissons.**
- **Sinon, demandez-lui pourquoi !**

Le mur de la mort

Les filets de pêche ne sont pas sélectifs. Même quand on prend soin de les disposer autour d'un banc de poissons précis, d'autres espèces sont prises également. Dans de nombreux cas, on ne prend pas cette précaution : en cherchant à réaliser de très grands coups de filet, on tue inutilement beaucoup d'animaux marins. Pour attraper les poissons qui vivent près du fond, on chalute toujours plus fort, brassant boue, sable et sédiments, en dispersant les vers, coquillages et autres invertébrés indispensables à l'équilibre de la chaîne alimentaire.

Aujourd'hui, l'équipement par des matériels aux techniques avancées permet même aux bateaux de s'aventurer dans les eaux peu profondes ou rocheuses, où jadis la vie était sauvegardée.

La dérive aveugle

Invisibles et solides, 50 000 km de filets dérivants s'étendent, en sections parfois longues de 50 km, à travers l'océan Pacifique. Ils sont placés pendant la nuit par une flotte de 800 bateaux du Japon, de Corée et de Taïwan. Pour pêcher des poulpes, des saumons et des thons albacores, ils capturent en fait ce qui passe par-là : poissons, tortues, phoques, baleines, dauphins et parfois des oiseaux de mer. Il est impossible de savoir combien d'animaux sont tués, mais au moins 17 000 dauphins sont noyés chaque année.

Les filets dérivants sont devenus un problème dans le monde entier. Par exemple, on a retiré 536 oiseaux de mer rien que dans les filets d'une seule baie, au sud-ouest de l'Angleterre, et les derniers macareux meurent étranglés par leurs fibres sur les rochers de Bretagne.

Poisson-lune
Beaucoup de grands poissons, comme ce poisson-lune, vivent des années avant d'arriver à maturité. Comment échapperont-ils aux filets dérivants ?

Dauphins dans le filet
Les filets placés pour prendre des calmars noient plusieurs espèces de dauphins. Dans le monde, jusqu'à 100 000 dauphins sont probablement tués de cette façon chaque année.

Encerclés par la mort

Dans l'est de l'océan Pacifique tropical, les bancs de thons jaunes sont suivis par des dauphins, qui nagent juste derrière eux.

Une fois les dauphins repérés, les pêcheurs en profitent pour lancer des filets en forme de nasse autour des bancs. Quand les filets sont tirés, les dauphins sont enserrés à mort ou noyés. Entre 120 000 et 250 000 dauphins meurent de cette façon chaque année. En Amérique et en Europe, des gens scandalisés cessent d'acheter du thon, et les pêcheurs sont contraints de changer leurs méthodes.

Tortue cacouane
Les tortues voyagent parmi les océans vers leurs zones de nourrissage avant de regagner les plages où elles se reproduisent. Toutes les espèces de tortues sont en danger de disparition.

RÉAGISSONS !

Il existe des moyens de protéger les dauphins et les autres animaux marins d'une mort sans discrimination.

- **Les pêcheurs peuvent libérer les dauphins pris dans les filets.**
- **La pêche avec lignes et hameçons, plus sélective, permet d'attraper des espèces plus spécifiques de poissons.**

Que pouvez-vous faire ?

- **Quand vous achetez du poisson, vérifiez que le paquet ou la boîte portent la garantie que les méthodes de pêche utilisées ont été sélectives. Il existe un nouveau label, sous forme du dessin d'un petit dauphin, qui vous assure de ces conditions.**

Requin !

Les requins sont probablement les animaux les plus craints, décrits régulièrement comme des « tueurs sanguinaires ». Néanmoins, les attaques par les requins sont très rares : vous courez plus de risques d'être frappé par un éclair que mordu par un requin ! De même, l'éléphant, l'un des animaux les plus aimés au monde, est responsable de dix fois plus de morts d'homme chaque année que le requin. De leur point de vue, les requins ont bien plus à redouter de notre part, parce que, pour chaque victime attribuée au requin, nous tuons 4 millions de ces magnifiques créatures.

La proie de l'homme

La chasse sportive au requin revêt une image « macho » et la popularité de ce sport est susceptible de déséquilibrer l'écosystème marin, en menant à l'extinction des espèces de grands requins prédateurs. La pêche commerciale menace également de nombreuses espèces de requins dans tous les océans. Et maintenant s'annonce un autre péril sous la forme de soupe d'ailerons de requin, plat traditionnel chinois devenu populaire dans de nombreux pays.

Des milliers de requins sont tués pour fournir ce nouveau marché et ils ont presque disparu de certains lieux comme les îles Cocos au large de Costa Rica, qui étaient fameuses pour leurs bancs de requins-marteaux. Certaines espèces ne pourront probablement pas se relever de ce massacre, parce que les requins ont un faible taux de reproduction.

Ci-dessus : Les requins-marteaux disparaissent des mers tropicales. Autour des îles Galapagos, ils sont tués pour leurs ailerons.
À droite : Un requin tué par un pêcheur amateur pour une photo souvenir ! Sa dépouille est ensuite rejetée à la mer.

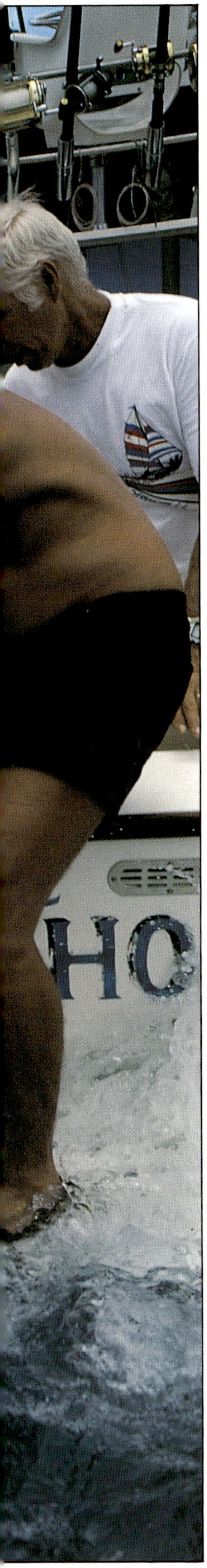

Un prédateur séculaire

Les requins sont superbement adaptés pour trouver et tuer leurs proies. Ils peuvent repérer une goutte de sang diluée dans 115 litres d'eau, l'activité électrique des nerfs d'un animal et ils possèdent jusqu'à 20 rangées de dents.

Malgré cela, 10 % seulement des 370 espèces de requins attaquent l'homme. En revanche, beaucoup sont des charognards et même les plus grands d'entre eux – les requins-baleines et pèlerins – sont des mangeurs de plancton inoffensifs.

Les requins ont toujours été craints à cause de leur réputation d'attaquer les baigneurs. En réalité, de telles attaques sont très rares.

Le Grand Blanc : un prédateur bien adapté, vital pour un écosystème équilibré.

Les requins pèlerins

Ainsi nommés parce qu'ils « lézardent » près de la surface, filtrant l'eau pour en extraire le plancton. On ne connaît presque rien de leur biologie et de leurs randonnées marines, quoiqu'ils apparaissent au large des côtes britanniques et irlandaises en été. Là, de 800 à 1 000 sont tués chaque année parce que leur corps massif de 6 tonnes contient une huile utilisée en cosmétique.

Les femelles de ces requins ne se reproduisent pas avant leur maturité, et la plupart de celles qui sont tuées sont de grandes femelles qui montrent des signes d'un accouplement récent. C'est ainsi que cette pêche est sans doute en train de détruire cette population au moment de sa reproduction et de la faire disparaître des eaux de l'Atlantique Nord.

Des cosmétiques sans cruauté
Les requins pèlerins fournissent une huile spéciale utilisée pour les cosmétiques de luxe. Si certaines firmes sont capables de fabriquer des produits sans cette huile, toutes les autres devraient en faire autant.

RÉAGISSONS !

Vous ne voulez pas que les requins disparaissent ?

- **Ne mangez pas de soupe aux ailerons de requin !**
- **N'achetez pas de cosmétiques contenant de l'huile de requin !**
- **Expliquez aux gens que les attaques de requins sont rares !**
- **Expliquez que de nombreuses espèces de requins sont vivipares et donnent naissance à des petits.**
- **Améliorez l'image des requins en racontant autour de vous le rôle écologique qu'ils jouent dans la mer comme prédateurs et charognards !**
- **Faites savoir que les requins sont sur la terre depuis bien plus longtemps que nous !**

Au plus profond de l'océan

La majeure partie des océans du globe ont une profondeur de plus de 900 mètres. Même dans les eaux les plus claires, aucune lumière ne peut pénétrer au-delà de cette profondeur, et donc les abysses océaniques sont complètement sombres. Les eaux sont froides, proche de 0 °C à 1 000 mètres, et la pression est énorme. Les seules sources de nourriture viennent des déchets et des restes d'animaux qui sédimentent depuis la surface, et qui permettent la survie d'espèces aux adaptations surprenantes.

Experts en plongée

Les cachalots sont les spécialistes de la plongée profonde. Ils vont régulièrement au-dessous de 800 mètres et parfois jusqu'à 3 000 mètres, y restant de 50 à 90 minutes et même plus. Ils plongent les poumons vides – tout l'oxygène nécessaire est stocké dans leurs muscles – et économisent leur consommation d'oxygène en limitant aux organes essentiels la circulation de leur sang.

La graisse appelée spermaceti, en réserve dans leur tête, leur permet d'épargner de l'énergie pour effectuer ces plongées. En surface, réchauffée par le sang, elle est liquide. La baleine plonge et, arrivée à grande profondeur, cette graisse est refroidie par l'eau qui pénètre par les narines de l'animal. Alors, solide et légère, elle conduit l'animal vers la surface comme un flotteur.

Dans les profondeurs froides et sombres de l'océan, les cachalots chassent les calmars, qui atteignent 19 mètres de long. Ils déterminent leur position en émettant des signaux de type sonar, et utilisent le spermaceti pour concentrer les échos.

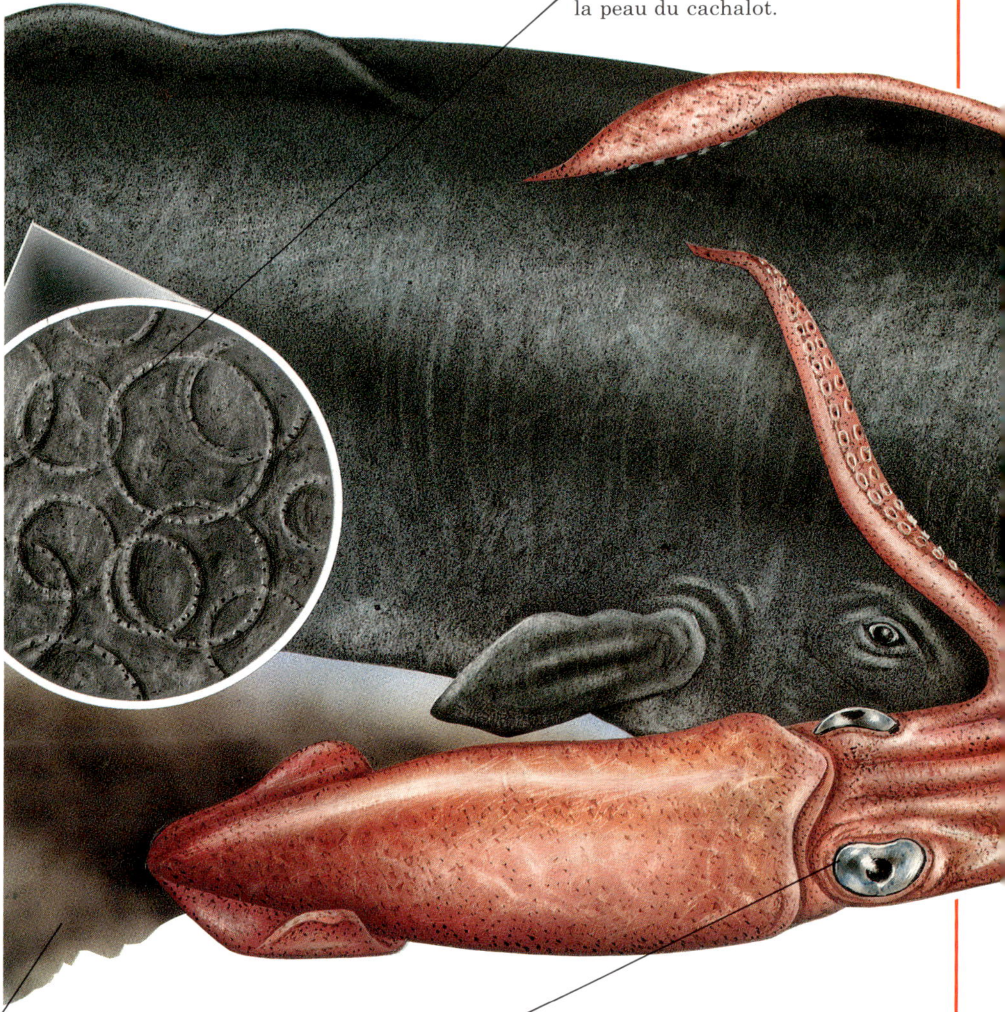

Cicatrices de ventouses
Les grandes ventouses des calmars laissent des cicatrices profondes sur la peau du cachalot.

Le sac à encre
Presque tous les calmars ont un sac à encre duquel ils peuvent faire gicler un liquide noir pour dérouter l'ennemi. On a réellement utilisé cette encre pour écrire.

Les yeux
L'œil d'un calmar géant peut atteindre 40 cm de diamètre. Certains ont un énorme œil gauche et un petit œil droit. D'autres ont des yeux aux extrémités de leurs bras, qui portent ainsi de véritables « capteurs de lumière ».

La vie au fond

De nombreuses espèces d'étranges invertébrés, que l'on trouve seulement dans les profondeurs abyssales, filtrent la nourriture de l'eau et des sédiments qui recouvrent une large part du fond plat de ces profondeurs. Du fait de la rareté de la nourriture, les poissons ont une bouche énorme, pour manger de tout.

Leur partenaire sexuel étant difficile à trouver dans le noir, certaines espèces produisent leur propre lumière pour les attirer. Le mâle de ce lophiidé est sûr de trouver un partenaire, car une partie de son corps peut se transformer et porter des organes femelles.

Les poissons des grandes profondeurs ont d'énormes bouches pour manger toutes les proies possibles.

Prédateur et proie
Les cachalots, que l'on trouve dans tous les océans, se nourrissent presque exclusivement de calmars. Plus le cachalot est grand, plus la proie est grande ; les scientifiques peuvent estimer la taille du calmar d'après les « becs » cornés trouvés dans les estomacs des cachalots.

Le futur empoisonné

Des fosses gigantesques, de 6 000 mètres ou plus de profondeur, se sont formées là où deux plaques continentales se heurtent profondément en dessous de la mer, les forçant à se chevaucher. C'est là que les hommes jettent certains de leurs déchets les plus mortels, y compris les déchets radioactifs enfermés dans des fûts en béton. Le béton se conserve 600 ans, mais les déchets peuvent demeurer dangereux pendant 10 000 ans.

Personne n'est en mesure de prédire ce qui arrivera à l'avenir, quand les fûts s'ouvriront ou, plus tôt peut-être, s'ils sont broyés dans un tremblement de terre.

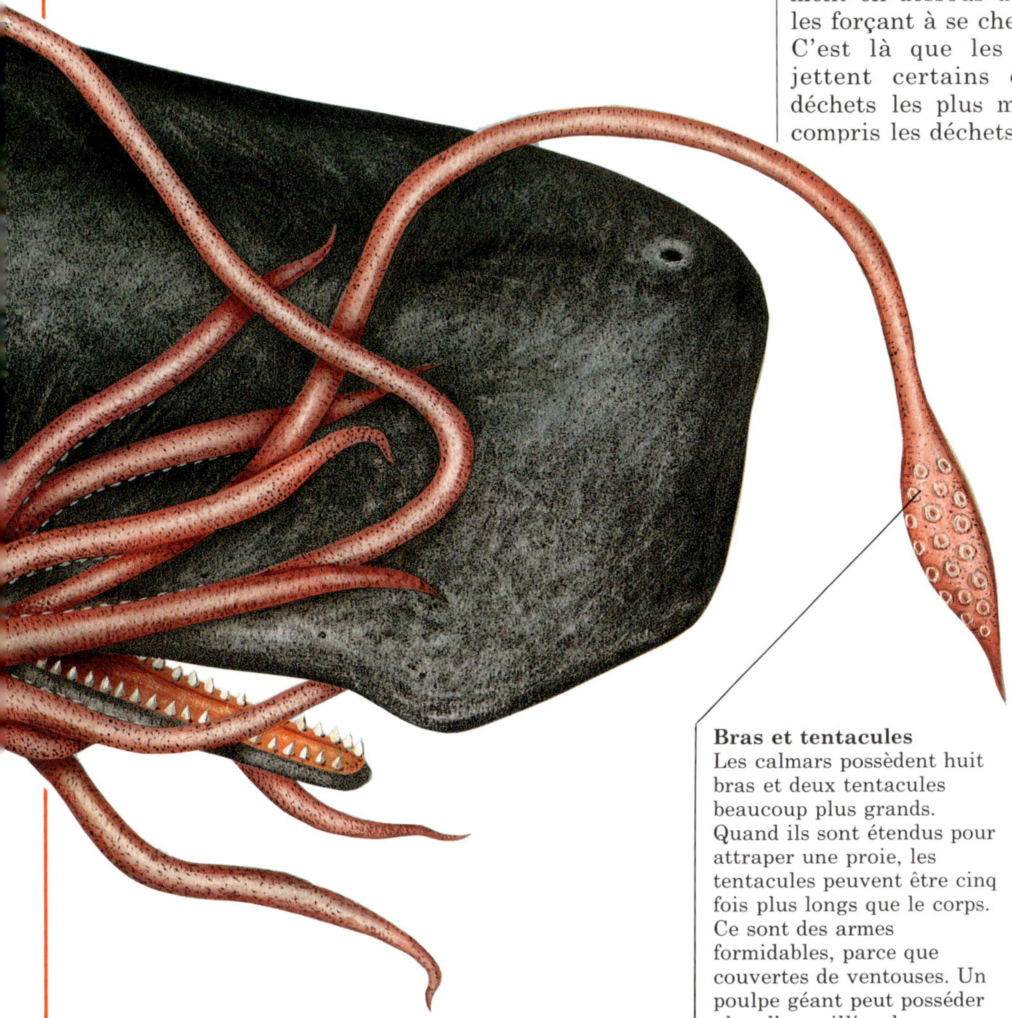

Bras et tentacules
Les calmars possèdent huit bras et deux tentacules beaucoup plus grands. Quand ils sont étendus pour attraper une proie, les tentacules peuvent être cinq fois plus longs que le corps. Ce sont des armes formidables, parce que couvertes de ventouses. Un poulpe géant peut posséder plus d'un millier de ces « pompes à vide » vivantes.

On se débarrasse de tout sur les fonds marins, depuis les boues d'égout jusqu'aux déchets nucléaires.

Richesses des profondeurs

On trouve des minerais de valeur dans les sédiments et les rochers qui couvrent la majeure partie des fonds marins. L'exploitation minière des océans pourrait détruire de vastes espaces de l'écosystème des fonds océaniques. Elle pourrait aussi atteindre le recyclage des matières nutritives dont dépend la vie dans les océans.

Ces « vers » géants de 3 m de long, des pogonophores, vivent sur les sources d'eau chaude dans la dorsale océanique des Galapagos.

RÉAGISSONS !

La plaine abyssale se situe entre 3 500 et 11 000 mètres sous la surface de la mer. Elle est de plus en plus menacée par les activités humaines.

- **Cherchez à savoir si votre pays déverse des déchets en haute mer !**
- **A-t-il des projets pour l'exploitation sous-marine des minerais ?**
- **Si la réponse à ces deux questions est « oui », écrivez aux responsables concernés de votre gouvernement en expliquant les dommages que peuvent causer ces activités.**

Mer de glace

Le pôle Nord se trouve au milieu d'une mer bordée par les marges continentales américaine et eurasienne. Cette mer s'appelle l'océan Arctique, couvert pendant toute l'année par une couche de glace de plusieurs mètres d'épaisseur. La vie est foisonnante en dessous de la glace : le plancton qui se développe dans les eaux polaires sous-jacentes est le support d'une chaîne alimentaire entière, depuis le plancton herbivore jusqu'aux poissons, phoques et ours polaires.

Pendant des siècles, les Esquimaux, ou Inuit, ont fait usage de ce riche habitat et y ont chassé sans l'endommager. Dans une période plus récente, le pétrole, les minerais et la vie sauvage ont été exploités uniquement pour le profit, causant grand tort à la nature.

Des ours sur la glace

La température de l'air, dans l'Arctique, peut descendre bien en dessous de zéro, mais la fourrure épaisse et la couche de graisse de l'ours polaire le rendent insensible au froid. Pour se nourrir, l'ours chasse des phoques quand ceux-ci viennent dans leurs trous de respiration creusés dans la glace.

Les ours polaires sont parfaitement adaptés à leur environnement et ils éprouvent des difficultés à supporter un changement quelconque. Qu'arriverait-il si l'effet de serre provoquait un réchauffement du climat et la disparition de leur foyer glacé ? La pollution venant des puits de pétrole et des chantiers d'extraction minière constitue déjà des menaces envers la vie des ours. Quand ils recherchent une nourriture facile sur les dépôts d'ordures des hommes, ils sont tués à coups de fusil pour la menace que présente leur trop proche présence.

Ci-dessus : L'effet de serre pourrait réchauffer le monde d'1 °C environ vers l'an 2025. La couche de glace de l'Arctique pourrait se contracter et réduire l'habitat de l'ours polaire.
À droite : Les ours polaires risquent leur vie pour un repas facile sur un tas d'ordures ; constituant une menace potentielle, ils peuvent être abattus pour s'être trouvés trop près des habitations des hommes.

La baleine la plus « toxique » du monde

Les bélugas du golfe du Saint-Laurent sont tellement imprégnés de produits chimiques qu'ils pourraient être classés parmi les déchets toxiques illégaux ! Le poison qu'ils ont absorbé subsiste en eux plusieurs années.

Les baleines bélugas passent leurs étés dans les eaux peu profondes des côtes du Canada et du Groenland, aux limites de la mer polaire, et leurs hivers au bord de la glace arctique. Seuls, les Esquimaux les chassent, mais la chasse commerciale au XIXe siècle et au début du XXe a tellement réduit leur nombre que même cette chasse à petite échelle met en péril leur survie.

Dans le golfe du Saint-Laurent, sur la côte subarctique du Canada, ce n'est pas la chasse mais la pollution qui menace les bélugas. Les PCB et autres produits chimiques toxiques, rejetés à la mer par les usines le long des rives du fleuve Saint-Laurent et de ses affluents, se déposent dans le golfe et se concentrent dans les corps des bélugas. Les polluants causent des ulcères d'estomac et des cancers, qui réduisent la capacité des animaux à se reproduire et tuent au moins une baleine par mois.

Une autre sorte d'ivoire

Les morses se trouvent uniquement dans l'océan Arctique, se nourrissant de coquillages sous l'eau, et faisant la sieste après le repas sur les rochers du rivage. Ils sont actuellement menacés parce qu'une interdiction internationale du commerce de l'ivoire d'éléphants a créé une forte demande de défenses de morses. En Alaska seulement, au moins 12 000 morses sont tués chaque année.

Ci-dessus, à droite : Les morses sont tués pour leurs défenses *(ci-dessus)*.

RÉAGISSONS !

Les baleines de l'Arctique courent de grands risques.

- **Le béluga, ou baleine blanche : menacé par les Esquimaux et par le niveau élevé de polluants chimiques dans son corps.**
- **Le narval : chassé par les Esquimaux pour sa défense.**
- **La baleine franche : les Esquimaux en tuent moins de 50 par an, mais même cette chasse peut causer un déclin du nombre de ces baleines.**

Que pouvez-vous faire ?

N'achetez jamais d'objets en ivoire ! Les défenses de narvals constituent une alternative à l'ivoire d'éléphants et toute augmentation de la demande d'ivoire signifie la mort pour ces baleines ou pour les morses.

Le restaurant le plus froid du monde

L'Antarctique est deux fois plus grand que l'Australie et est couvert de couches de glace épaisses de plusieurs kilomètres. Ce continent donne l'impression d'un vaste désert blanc, mais les grands océans qui le bordent sont une véritable corne d'abondance marine : 120 espèces de poissons, 80 espèces d'oiseaux de mer, 6 espèces de phoques et 15 espèces de baleines et dauphins.

Krill au menu

Le krill est constitué de minuscules crustacés ressemblant à des crevettes de 8 à 60 mm de long. Il y en a 600 000 milliards dans les mers antarctiques, d'un poids total plus grand que celui de la population humaine tout entière. D'une façon ou d'une autre, le krill est à la base de presque toute forme de vie dans les océans du monde austral.

L'abondance du krill est due aux conditions idéales de l'Antarctique pour la croissance du phytoplancton qui constitue la nourriture du krill. Celui-ci se nourrit de ces végétaux microscopiques, et forme à la limite des glaces de vastes essaims qui, à leur tour, attirent baleines, oiseaux de mer et phoques, à la recherche de nourriture.

Les manchots d'Adélie se nourrissent à peu près exclusivement de krill qui, par ailleurs, forme presque 80 % de la nourriture des oiseaux de mer de l'Antarctique. D'autres espèces, qui ne mangent pas de krill, en dépendent : les orques attaquent les phoques crabiers et les cachalots ; les manchots empereurs plongent pour attraper des calmars gavés de krill.

À droite : Les petits crustacés du krill survivent aux hivers antarctiques en mangeant le phytoplancton.

Chaîne alimentaire
Le krill est la nourriture de base de 5 espèces de baleines, 3 de phoques et 20 de poissons, ainsi que des pingouins et d'autres oiseaux. C'est le seul exemple au monde où l'abondance d'une seule espèce en nourrit tant d'autres.

Le pingouin d'Adélie
Une seule colonie de 5 millions de ces pingouins attrape 9 000 tonnes de krill et de jeunes poissons tous les jours pour nourrir ses petits. Avec les autres oiseaux de l'Antarctique, les pingouins mangent 115 millions de tonnes de krill par an.

La baleine à bosse
Cette baleine migre vers l'Antarctique pour y manger plus d'une tonne de krill chaque jour pendant 4 à 5 mois.

Le krill est-il menacé ?

Récolter le krill pose des problèmes. D'abord, il se dégrade très vite après la récolte et contient alors des toxines à des niveaux dangereux. Ensuite, les aliments humains fabriqués avec le krill ne sont pas appréciés : la plus grande partie du demi-million de tonnes prélevé chaque année sert d'aliment pour animaux.

Les pêcheurs font remarquer que, puisque la chasse à la baleine a réduit la population de baleines, il doit y avoir des millions de tonnes de krill « non mangé » disponibles. En réalité, les populations de manchots et de phoques se sont accrues et mangent ce surplus. Personne ne peut évaluer combien de krill les pêcheurs pourraient prendre sans réduire dangereusement la nourriture disponible pour les animaux de l'Antarctique.

Si le krill meurt, toutes les mers australes mourront, car les petits crustacés qui le constituent sont à la base de tout le réseau trophique antarctique.

La pêche commerciale du krill à grande échelle pourrait faire disparaître la base de toute vie dans l'océan Antarctique.

Le phoque crabier
Espèce la plus répandue, il se reproduit sur la banquise, se nourrissant à 90 % de krill. Il est lui-même la proie du phoque léopard.

RÉAGISSONS !

Des menaces existent sur l'Antarctique, mais des actions sont entreprises pour sa protection.

- **Le tourisme, les activités minières, les forages pétroliers sont une menace pour les oiseaux et les mammifères se reproduisant à terre, sans compter les marées noires toujours possibles.**
- **Les pays membres du Traité de l'Antarctique ont signé, en juin 1991, un accord qui protège l'environnement global du continent, interdit les activités d'exploitation minière et met sous contrôle les activités humaines sur ce continent. Il s'agit d'un premier pas vers la création d'un parc mondial de l'Antarctique.**
- **Signez et faites circuler les pétitions du commandant Cousteau qui réclament la protection totale et définitive de l'Antarctique !**

Des tueurs en captivité

Les baleines et les dauphins sont pour nous des symboles de liberté parce qu'ils parcourent tous les océans. Ils sont, cependant, de plus en plus nombreux en captivité. Les zoos et les aquariums du monde entier, particulièrement aux États-Unis, en Europe et au Japon, les exhibent devant des spectateurs passionnés.

Aux États-Unis, plus de 400 individus de 10 espèces sont ainsi gardés en captivité, alors qu'une seule espèce se reproduit (le grand dauphin Tursiops). Il faut donc faire sans cesse de nouvelles captures en mer pour maintenir la population des zoos et des aquariums.

Les spectacles de baleines et de dauphins sont devenus de bonnes affaires : plus de 10 millions de personnes paient chaque année pour les voir au « Sea World », aux États-Unis. L'orque, ou épaulard, présente la plus spectaculaire de toutes les attractions.

Comportement social

Les orques, appelé en anglais « tueurs de baleine », sont en réalité des dauphins, les plus grands et les plus rapides d'une famille qui se trouve dans tous les océans. Ils vivent en groupes familiaux, appelés « tribus », comprenant entre 4 et 40 membres qui demeurent ensemble leur vie entière.

Ils chassent en bande, sont à l'affût de tout, du calmar au phoque, et harcèlent jusqu'à la mort les grandes baleines bleues. Les individus communiquent entre eux par un langage complexe de claquements et de cris aigus, différent pour chaque groupe. Ce cercle fermé se distingue également par la façon d'élever les petits : la femelle a un jeune tous les 8 ans environ et le garde près d'elle plusieurs années après le sevrage. Capturés, les orques sont séparés de leur tribu, clef de leur survie et de leur bien-être.

À droite : La clef du bien-être des orques est le groupe familial, ou tribu, intimement uni, au sein duquel il passe toute sa vie.

Un espace pour vivre ou pour mourir

Alors qu'ils faisaient peur auparavant, les orques sont maintenant considérés avec affection et curiosité. De ce fait, des centaines d'orques, qui sont des cétacés à dents, ont été capturés dans les océans autour du Canada, de l'Islande et de l'Alaska pour peupler les aquariums du monde entier. Le premier fut construit à Seattle en 1965. La plupart des premiers captifs, pourtant jeunes, moururent après 5 ans. Dans la nature, les orques vivent de 50 à 100 ans en groupes familiaux dans de vastes espaces.

En captivité, certains animaux vivent isolés ou dans d'étroits bassins ; d'autres ont la chance d'avoir de meilleures conditions de vie en compagnie d'autres orques. Certains ont survécu plusieurs années et donné naissance à des petits qui, jusqu'ici, n'ont pu être élevés avec succès. Les exercices et les représentations en public leur procurent quelques stimulations, qu'ils auraient connues dans la vie sauvage, et rendent leur captivité plus supportable.

À gauche : Les orques dits « tueurs de baleines » ne sont pas rares en mer. Cependant, leur capture a engendré une réduction des populations locales et la destruction des structures familiales des groupes sociaux.

Les conditions de captivité

Il existe des accords internationaux et des règlements nationaux qui prévoient les conditions de captivité des baleines et des dauphins, mais les normes varient beaucoup d'un pays à l'autre. Une étude scientifique récente sur les orques a recommandé des dimensions pour un bassin de cinq individus. Certains bassins n'atteignent pas ces normes.

Dimensions du bassin
Voici les mesures minimales recommandées par les scientifiques pour un groupe de 5 baleines.

Volume minimal : 20 000 m³, qui devrait être doublé dès que possible.

Profondeur minimale : 7,5 m. Il faudrait atteindre 15 m pour la majeure partie du bassin.

Largeur minimale : 15 m.

RÉAGISSONS !

Beaucoup de gens désapprouvent la captivité des orques et des dauphins. Comme ils sont déjà nombreux dans les delphinariums, il est important qu'ils s'y trouvent dans les meilleures conditions possibles.

- **Écrivez aux delphinariums de votre pays et demandez dans quelles conditions vivent les animaux !**
- **Si des animaux sont morts ou ne se reproduisent pas en captivité, écrivez à votre journal local à ce sujet !**
- **Si vous n'êtes pas d'accord pour que ces animaux vivent en captivité, ne visitez pas les delphinariums et encouragez d'autres personnes à les boycotter ! En agissant ainsi, il y aura peut-être moins de dauphins capturés à l'avenir.**

Un terrible carnage

Beaucoup d'entre nous ne verront jamais de baleine vivante ; pourtant, il y a 500 ans, vous auriez pu en voir nager de presque toutes les falaises de bord de mer. Elles constituaient partout une ressource importante pour la population côtière. Tout un village pouvait se nourrir avec une seule baleine, tandis que l'huile provenant de sa couche de graisse était utilisée dans les lampes à huile comme combustible. Ces communautés ne tuaient que les animaux nécessaires à leur survie et ne mettaient pas en danger les populations de baleines.

Celles-ci vinrent à disparaître quand les hommes les chassèrent pour le profit de la vente d'huile, d'os ou de viande.

Le peuple de la baleine

Les Esquimaux, ou Inuit, du nord de l'Alaska se nomment eux-mêmes « le peuple de la baleine ». Voici 200 ans, ils chassaient déjà la baleine franche migrant le long des côtes de l'Alaska. Grâce à leurs kayaks couverts de peaux et armés de harpons en os, ils harponnaient les animaux puis les tiraient vers le rivage. La baleine était ensuite partagée parmi la communauté. Chaque partie de corps avait son utilité, de sorte que rien n'était gaspillé.

Ce mode de vie prit fin au XIXe siècle, quand les baleiniers commerciaux exterminèrent presque toutes les baleines franches de l'Alaska. Aujourd'hui, la chasse à la baleine fait encore partie de la vie traditionnelle et culturelle des Esquimaux, mais les chasseurs sont rémunérés, habitent de vraies maisons et utilisent des bateaux et harpons modernes.

Les méthodes de chasse des Inuit ne menaçaient pas les populations de baleines, et chaque partie de l'animal était utilisée.

La chasse pour le profit

Depuis le Xe siècle, les Basques du nord de l'Espagne et du sud-ouest de la France tuaient des baleines au moyen de petits bateaux et de harpons à main, au large du golfe de Gascogne. À la fin du XVIe siècle, cette espèce était décimée et, actuellement, il ne reste plus de « baleines des Basques » dans le golfe.

Pendant tout le XVIIe siècle, les flottes de baleiniers hollandais et anglais tuèrent des baleines franches dans l'Atlantique nord. Ces animaux étaient capturés en mer et dépecés sur le rivage. Ces expéditions ramenaient, entre autres produits, de l'huile pour les lampes, des fanons pour fabriquer des corsets pour femmes, et des « baleines » de parapluie. Une population après l'autre était exterminée. Au début du XIXe siècle, il ne restait plus que quelques individus. Aujourd'hui, seules quelques centaines de baleines des Basques et quelques dizaines de baleines franches subsistent dans l'Atlantique nord.

Au XVIe siècle, la chasse commerciale a exterminé plusieurs populations de baleines au large des côtes européennes.

Les proies du passé

Baleine franche : 15-20 mètres.
Cette espèce, comme la baleine des Basques, se caractérise par la forme en arc des mâchoires de ses spécimens et par les fanons, longs et fins. Elle se nourrit près des côtes et des banquises des mers arctiques. Devenue rare, elle est protégée, excepté en Alaska où les Esquimaux sont autorisés à en tuer quelques-unes par an.

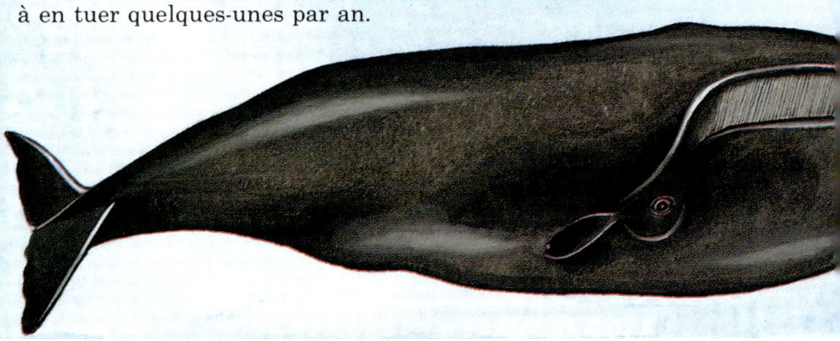

Les baleiniers yankees

Aux environs de 1730, les Américains avaient tué la plupart des « baleines des Basques » de la côte est. Pour maintenir leur fructueuse industrie baleinière, ils s'en prirent aux cachalots, dont ils tiraient une bien meilleure huile. Vers 1770, ils se lancèrent à leur recherche vers l'Afrique et l'Amérique du Sud. Ce commerce fut florissant jusqu'en 1860, puis ils écumèrent le Pacifique et l'Atlantique. Les cachalots furent leur proie principale, mais ils chassèrent également des populations jusque-là intouchées de « baleine des Basques ». C'était un travail dur et dangereux. De grands voiliers mettaient à l'eau de petits canots à rames qui poursuivaient les baleines, harponnées à la main. Les campagnes de chasse pouvaient durer trois ans et parfois plus. Herman Melville, dans *Moby Dick*, a bien décrit ce mode de vie.

L'huile de baleine était utilisée pour la peinture, la margarine, les cosmétiques et l'éclairage. Vers 1880, la chasse à la baleine nord-américaine était moribonde, vaincue par la concurrence de l'huile issue du pétrole et par l'interruption du commerce causée par la guerre civile, vingt ans auparavant.

Harponner une baleine était dangereux : cela n'empêcha pas les baleiniers américains du XIXe siècle de réduire les populations de cachalots.

Baleine des Basques (ou de Biscaye)
De la famille des baleines franches, ainsi appelées car faciles à chasser : lentes, flottant une fois mortes et donnant une huile riche. Rare, elle est protégée depuis 1935.

Cachalots
Mâles : 15-20 mètres.
Femelles : 11-17 mètres.
Unique grande baleine dentée, elle est peut-être la plus nombreuse et se trouve dans tous les océans du monde. Elle n'est plus chassée, sauf par quelques chasseurs traditionnels aux Açores.

RÉAGISSONS !

Des dizaines de milliers de petites baleines meurent dans les filets à poissons, à thons et à calmars.

- **Il existe un label « notre ami le dauphin », qui garantit qu'aucun mammifère marin n'a été tué lors des pêches au filet.**
- **Vérifiez que les boîtes de produits de la mer que vous achetez portent bien ce label.**

La tuerie continue

À la fin du XIXe siècle, on pouvait encore faire des profits en chassant la baleine, mais ces animaux se faisaient rares. Cependant, certaines espèces, comme la grande baleine bleue, la baleine à bosse et les rorquals, étaient encore très nombreuses, car difficiles à chasser. Elles nageaient vite, plongeaient en profondeur et ne se trouvaient que loin des rivages. Deux inventions nouvelles sonnèrent leur glas : les navires à coque métallique propulsés à la vapeur, donc indépendants du vent, et le canon à harpon. Ce canon tire des charges explosives depuis l'avant du bateau ; et ces charges, pénétrant dans l'animal, le tuent avant qu'il ne puisse plonger en profondeur.

Essor des baleiniers, faillite des baleiniers

Les navires en acier et à vapeur sont désormais équipés pour affronter les glaces de l'Antarctique. Les canons à harpon atteignent même la baleine bleue. Les Norvégiens, qui inventèrent cette arme, la mirent rapidement en usage et exploitèrent les réserves, jusque-là intouchées, de baleines de l'Antarctique. À partir de 1911, 20 000 animaux furent tués chaque année. Au début, les baleines mortes étaient dépecées à terre mais, plus tard, les Norvégiens commencèrent à utiliser d'énormes bateaux-usines pour les conditionner en mer. Cette façon de procéder fit gagner du temps, ce qui permit de tuer encore plus de baleines. En 1931, les prises atteignirent leur sommet avec 55 000 animaux. D'autres pays se joignirent à la tuerie : la Grande-Bretagne, le Japon, l'Allemagne, les États-Unis, l'U.R.S.S. et l'Australie. On se tourna vers les espèces un peu moins grandes : les rorquals communs dans les années 1960, les rorquals de Rudolphi et, finalement, vers 1970, ce fut le tour du petit rorqual, ou minke, de 8 mètres de long.

Comme les populations de baleines déclinaient et que des substituts nouveaux étaient trouvés à leur huile, la chasse ne fut bientôt plus rentable.

À droite : Les bateaux-usines ont hâté la destruction des baleines de l'Antarctique en dépeçant des baleines bleues entièrement à bord, en pleine mer.

Grande baleine, petite baleine

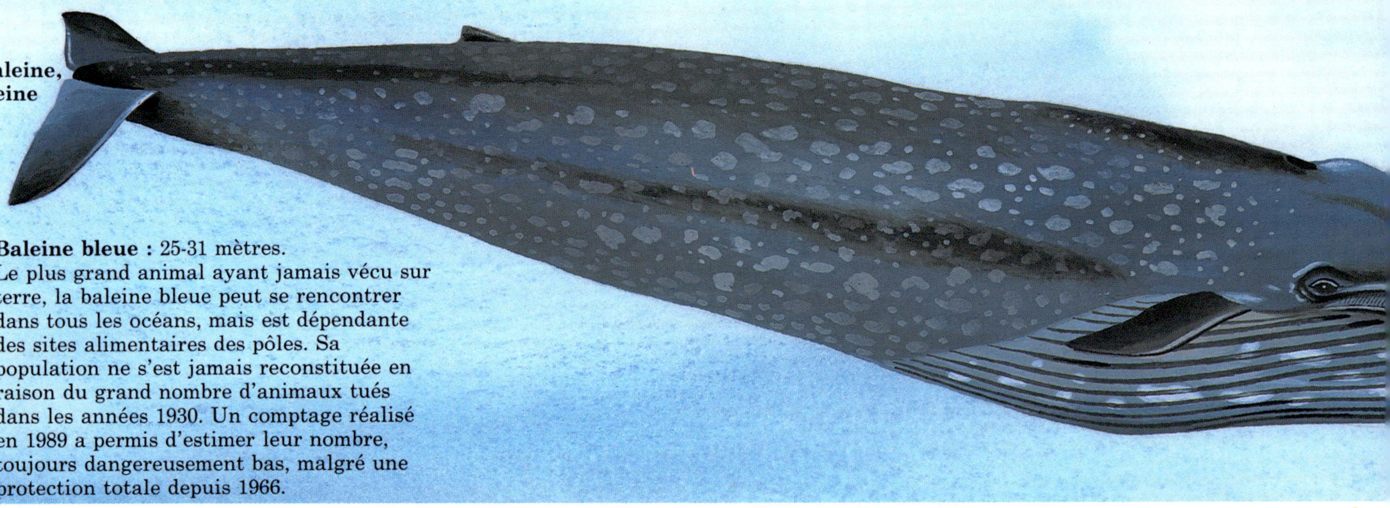

Baleine bleue : 25-31 mètres.
Le plus grand animal ayant jamais vécu sur terre, la baleine bleue peut se rencontrer dans tous les océans, mais est dépendante des sites alimentaires des pôles. Sa population ne s'est jamais reconstituée en raison du grand nombre d'animaux tués dans les années 1930. Un comptage réalisé en 1989 a permis d'estimer leur nombre, toujours dangereusement bas, malgré une protection totale depuis 1966.

Sauver les baleines

En 1946, les pays baleiniers formèrent la Commission baleinière internationale pour essayer de réglementer les captures. Mais, la C.B.I. n'ayant pas les moyens d'imposer ses quotas, ils étaient constamment outrepassés. Aussi, dans les années 1970, des organisations de protection de l'environnement lancèrent-elles des campagnes pour arrêter la chasse.

En 1972, l'O.N.U. proposa d'interdire pour 10 ans le commerce de la baleine. De nombreux pays, membres du C.B.I., tentèrent de persuader les pays chasseurs de baleines d'arrêter cette pratique. En 1982 enfin, la Commission vota l'interdiction de la chasse jusqu'en 1990. Cette décision fut prolongée en 1986 pour une période indéterminée.

Le Japon, l'Islande et la Corée du Sud continuent à tuer les baleines, ignorant les règlements de la C.B.I. en prétendant qu'ils agissent dans des « buts scientifiques ». En fait, les baleines finissent comme mets de choix au Japon où leur viande, appréciée pour sa délicatesse, atteint un prix élevé.

En 1986, des années de protestation ont finalement abouti à une interdiction. Mais la pratique de la chasse continue, et de nouvelles menaces pèsent sur les baleines : pollution et surpêche.

Petit rorqual : 8-10 mètres.
Cette baleine, la plus petite des grandes baleines, mange plus de poissons que les autres. Elle se trouve dans tous les océans mais est rare sous les tropiques. Peu nombreuse dans l'hémisphère Nord, elle semble en progression dans l'Antarctique. Chassée en très faible quantité pour de prétendus objectifs scientifiques.

Il y a 10 espèces de grandes baleines. Toutes, à l'exception des cachalots, ont des fanons en forme de peigne au lieu de dents, pour filtrer la nourriture :
- Baleine bleue
- Rorqual commun
- Rorqual de Rudolphi
- Petit rorqual
- Rorqual de Bryde
- Baleine à bosse
- Baleine grise
- Baleine des Basques (ou de Biscaye)
- Cachalot
- Baleine franche

RÉAGISSONS !

Les populations de baleines se rétablissent après ces années de chasse, mais elles ne retrouveront peut-être jamais leur niveau antérieur.

- **N'achetez jamais de viande de baleine ou d'autres produits à base de baleine !**
- **Joignez-vous aux associations qui font campagne pour la protection des baleines !**
- **Écrivez aux gouvernements des pays qui n'ont pas interdit la chasse à la baleine, pour protester.**

Sauvez nos mers !

La planète Océan et sa vie sauvage doivent faire face à des problèmes chaque jour plus importants. Il est facile de se sentir impuissant devant la pollution, la pêche excessive et la destruction de l'habitat marin à l'échelle mondiale, car tout cela se passe si loin qu'on ne peut rien y changer.

Mais beaucoup de choses se passent près de chez vous, et vous pouvez aider à y mettre fin en gardant les yeux ouverts et en racontant aux autres ce que vous voyez et ce que vous découvrez.

Où se déversent les égouts venant de chez vous ? Se vident-ils dans la rivière proche qui s'écoule vers la mer ? Se déversent-ils directement sur la plage ? Y a-t-il des usines près de chez vous ? Que fait-on de leurs déchets ? Vont-ils dans une rivière ou dans la mer ? Quand vous visitez la côte, y voyez-vous des poissons et des oiseaux ? Combien ? Sont-ils plus ou moins nombreux que lors de votre visite précédente ? La mer est-elle plus polluée ?

Demandez à vos amis, professeurs et parents de vous aider à observer la rivière et le littoral ! Racontez à votre journal local, à la radio et à la télévision les résultats de vos observations ! Votre action peut sauver nos mers.

Ci-dessus : Des centaines de sternes, hivernant sur les côtes de l'Afrique de l'Ouest, sont tuées par les enfants, qui les piègent. Au Ghana, des clubs d'activités de découverte de la nature pour les enfants ont été créés ; ces derniers participent aux comptages des sternes et sensibilisent la population à leur protection.

À gauche : Les enfants d'un village de la côte hollandaise ont découvert que leurs plages étaient polluées, que des projets d'endiguement et de construction d'installations industrielles étaient en cours. Ils ont alerté la radio, la presse et la télévision, et fait campagne jusqu'à l'arrêt des travaux. Bravo !

Ci-dessous : Des jeunes de 10 pays européens ont pris part à une campagne de mesure de la pollution des côtes, en septembre 1989 et 1990. De l'Islande au Portugal, des linéaires de 5 km ont été analysés et les résultats envoyés à la Commission européenne, à Bruxelles.

Des adresses pour agir

Il suffit d'observer la mer, de faire appel à ses sens et à sa réflexion personnelle pour constater comment évolue le milieu marin et avoir envie de tout faire pour sa protection.

Pour agir avec d'autres, il est possible de participer aux sorties, stages et autres activités de l'une de ces associations.

Si vous leur écrivez, soyez sympathique, envoyez-leur une enveloppe timbrée à votre nom pour la réponse !

Fondation Cousteau
233, rue du Faubourg-Saint-Honoré, 75405 PARIS CEDEX 08
Tél. : 40 53 63 00 (information minitel 3615 COUSTEAU)

La fondation poursuit les buts et l'action du commandant Cousteau – Connaître la mer, pour la respecter et la sauver : l'avenir de l'humanité tout entière en dépend.

Le commandant Cousteau agit partout dans le monde. Soutenez-le, écrivez-lui !

Greenpeace France
28, rue des Petites-Écuries, 75010 PARIS – Tél. : 47 70 46 89

Depuis vingt ans, ce mouvement écologique propose un changement fondamental dans le comportement de nos sociétés, aux niveaux individuel et collectif. Il maintient une surveillance active contre tous les actes irresponsables qui participent à la destruction des milieux naturels. Si vous assistez à ces actes, parlez-en à Greenpeace, pour passer à l'action.

WWF France
151, boulevard de la Reine, 78000 VERSAILLES
Tél. : 39 50 75 14
Avenue du Mont-Blanc, 1196 GLAND – SUISSE

Le World Wildlife Found (Fonds mondial pour la nature) a choisi de récolter des fonds pour financer des actions de protection de la nature dans le monde entier.

Où que vous habitiez, vous pouvez contacter le WWF International !

France Nature Environnement
57, rue Cuvier, 75231 PARIS CEDEX 05 – Tél. : 43 36 79 95

Cette fédération regroupe plus de 150 associations de protection de la nature, en France et dans les D.O.M.–T.O.M.

Près de chez vous, il existe sans aucun doute une association qui intervient activement pour la sauvegarde et la protection des milieux naturels.

Écrivez à la F.N.E. pour avoir son adresse et la liste des stages passionnants !

C.P.N. – Clubs pour la connaissance et la protection de la nature
Fédération des clubs C.P.N., 08240 BOULT-AUX-BOIS
Tél. : 24 30 21 90

Pour apprendre et connaître la nature, chacun peut rejoindre un club ou en créer un, si rien de tel n'existe dans sa région.

Index